화학 용어 퍼즐

가로세로 낱말

물리 화학 용어 퍼즐

초판 1쇄 인쇄일 2019년 1월 15일
초판 1쇄 발행일 2019년 1월 25일

기획 지브레인 과학기획팀 **지은이** 이보경
펴낸이 김지영 **펴낸곳** 지브레인[Gbrain]
편집 김현주
마케팅 조명구 **제작 · 관리** 김동영

출판등록 2001년 7월 3일 제2005-000022호
주소 04021 서울시 마포구 월드컵로7길 88 2층
전화 (02)2648-7224 **팩스** (02)2654-7696

ISBN 978-89-5979-580-2 (03400)

- 책값은 뒤표지에 있습니다.
- 잘못된 책은 교환해 드립니다.

표지 이미지 www.freepik.com / www.utoimage.com / www.vecteezy.com / www.ac-illust.com/ publicdomainvectors.org / pxhere.com / www.kisscc0.com / en.wikipedia.org / pixabay.com/
본문 이미지 www.freepik.com / www.utoimage.com

가로세로 낱말

물리 화학 용어 퍼즐

지브레인 과학기획팀 기획 이보경 지음

머리말

과학의 영역 중에서 '물리' 분야는 매우 난해하고 어려운 파트이다. 양자역학이나 초끈이론은 이름만 들어도 답을 알 수 없는 철학적 난제를 만난 기분이 들어 머리가 아프다. 아인슈타인의 상대성이론이 무엇이든 간에 우리는 매일 무탈하게 잘 살고 있다.

하지만 지금 우리 주위를 찬찬히 둘러보라. 이 세상은 온통 물리의 세상이다. 물리는 사방에 퍼져 있으면서도 무취무색의 공기와 같아 그 중요함을 잊기 쉽다. 인류 역사와 함께 시작된 세상에 대한 호기심은 과학의 비약적 발전을 거치면서 세분화되고 세상의 변화에 박차를 가해왔다. 그중 물리학자들은 에너지, 힘, 전기, 자기 등의 원리를 통해 작게는 짐을 옮기는 것부터 크게는 우주를 움직이는 힘까지 그 이치를 알아내려 부단히 노력해왔으며 그 노력의 결과는 지금 현대인들의 삶을 한층 더 풍요롭게 한 근간을 이루고 있다.

우리 삶의 필수템이 된 핸드폰, 컴퓨터, 인터넷 통신 등도 물리학에서 시작되었다. 나의 무탈한 일상과는 전혀 상관없어 보이는 아인슈타인의 상대성이론이 있었기에 우리는 GPS를 통해 자동차부터 네비게이션을 활용해 많은 편의를 이용할 수 있게 되었다.

세상을 바꾸게 될 거라고 평가받는, 슈퍼컴퓨터를 능가하는 미래형 컴퓨터인 양자컴퓨터의 이론적 배경은 양자역학이다. 그리고 화학은 이런 물리와 유동적으로 연결되어 우리의 삶의 질을 높여주고 있다.

이렇듯 3차원적 생각으로는 이해조차 힘든 가장 미스테리한 이론들이 세상을 바꿔가는 현실은 놀랍기까지 하다. 이런 세상이라면 우리는 우리 삶의 일부인 '물리, 화학'과 친해질 필요가 있다.

가로세로 낱말 퀴즈 '물리, 화학'는 어렵고 부담스러운 친구인 '물리, 화학'과 친해지는 여행이다. 혹시 외계어처럼 들리는 설명이라고 해도 우리에겐 친절한 사용설명서 인터넷과 책이 있다. 언제든 부담 없이 과감하게 인터넷과 책을 이용하라. 포기하지 않으면 정말 재미있는 물리와 화학의 세계를 만나게 될 것이다. 이를 통해 퍼즐을 완성해 가다 보면 어느새 우리는 '물리와 화학'이라는 매력적이고 소중한 '절친'을 얻게 될 것이다.

이보경

일 · 러 · 두 · 기

1) 《가로세로 낱말 물리 화학 용어 퍼즐》에 나오는 과학 용어 퍼즐들은 대부분 우리가 알고 있는 과학 용어들을 중심으로 소개했습니다. 그럼에도 기억나지 않는다면 조급해하지 마시고 즐기는 기분으로 인터넷에서 찾아보며 풀어가시길 바랍니다. 다양한 방법을 이용한 퍼즐 풀이는 그만큼 확실한 기억으로 남게 될 것입니다.

2) 《가로세로 낱말 물리 화학 용어 퍼즐》에서는 교과서를 기준으로 한 만큼 최근 바뀐 과학 용어들을 소개하고 있지만 과거 우리가 배웠던 과학 용어도 있을 수 있습니다.

3) 띄어쓰기가 된 곳은 ★로 표시했습니다.

4) 부록에 퍼즐 속 물리 화학 용어들에 대한 소개와 사진을 담아 좀 더 이해하기 쉽도록 안내하고 있습니다.

5) 한 퍼즐당 대략 11~20문제 정도가 소개되었습니다.

6) 재미있게 푸는 동안 내가 가진 지식의 양도 늘 것입니다. 퍼즐이므로 즐기며 활용해보시길 바랍니다.

CONTENTS

물리 화학 용어 퍼즐

가로 열쇠

2 물체의 이동거리를 시간으로 나눈 값.

3 속력이 일정하게 빨라지거나 느려지는 운동.

4 속도의 단위를 한 번 더 초로 나누어 m/s^2으로 표시하는 단위.

7 물체가 공기 저항 없이 오로지 중력 작용으로만 떨어지는 운동.

9 주로 종이의 두께나 철사의 지름을 재는 데 사용되며 100만분의 1미터의 미세한 길이까지 잴 수 있는 기구.

세로 열쇠

1 물체의 운동 방향과 속력이 일정한 운동.

3 원의 둘레를 따라 일정한 속력으로 회전하는 운동.

5 물체가 놓여 있는 곳. 물리에서는 거리와 함께 방향까지 포함하고 있는 양을 말한다.

6 전기장과 자기장을 이용해 만든 현미경. 광학 현미경으로는 관찰이 불가능했던 바이러스 등을 선명하게 관찰할 수 있다.

8 양성자와 중성자를 이루고 있는 아주 작은 입자.

1

											1↓ 등		
									2→				
								3↓→		원			
							4→ 가				★		5↓
				6↓									
				7→				운					
		8↓ 쿼											
9→					터								
				경									

답 112P

가로 열쇠

5 운동하는 물체의 에너지.

6 운동하는 물체가 시간에 따라 그 속도가 변하는 것을 뜻하는 용어. 속도뿐만 아니라 방향만 변하는 운동도 포함하는 운동.

7 1초당 속도의 변화율.

9 외부의 힘이 가해지지 않는 이상, 움직이는 물체는 계속 움직이려 하고 정지해 있는 물체는 계속 정지해 있으려고 한다는 뉴턴의 제1운동법칙.

10 두 물체 A, B 사이에서 A의 힘이 B에 가해지는 동시에 B에서도 크기가 같고 방향이 반대인 힘이 가해지는 법칙.

세로 열쇠

1 물체가 운동하는 동안 운동에너지의 증감에 따라 위치에너지가 반대로 증감하여 운동에너지와 위치에너지의 합이 항상 일정하게 유지되는 법칙.

2 방향과 속력이 동시에 변하는 운동.

3 움직이고 있는 관측자가 본 물체의 속도.

4 원자핵의 융합과 분열을 통해 발생하는 엄청난 에너지.

6 물체에 힘이 작용할 때 가속도의 크기는 작용하는 힘의 크기에 비례하고, 운동하는 물체의 질량에 반비례하는 법칙.

8 물체가 늘어날 수 있는 최대한의 범위.

2

													1↓
													적
									2↓				★
							3↓						
											4↓		
							속		5→		에		
					6↓→				동				
			7→		도				8↓				
								9→	성		★		
					★								
10→				용									

답 112P

가로 열쇠

2 사람이 들을 수 없는 20,000Hz를 넘는 소리.

4 질량수는 다르나 원자번호가 같은 원소.

6 지구 내부에서 발생한 지진에 의해 사방으로 퍼져 나가는 파장.

8 중력이 작용하지 않아 그 힘을 느끼지 못하는 상태.

10 전기장과 자기장으로 이루어진 파장.

11 구성 분자가 모두 같고 분자의 부피가 0이며 분자 간 상호작용이 없는 실제 존재하지 않는 이론적인 기체.

세로 열쇠

1 물체의 위치 변화에 따라 갖게 되는 에너지.

2 사람이 들을 수 없는 20Hz 미만의 소리.

3 점점 옆으로 퍼지는 물체의 진동.

5 원운동을 하는 물체가 원 중심에서 멀어지는 운동 방향으로 튕겨져 나가려고 하는 관성력.

7 공기를 비롯한 물질이 없는 상태의 공간.

9 전하가 없는 입자. 영국의 과학자 제임스 채드윅이 발견했다.

10 두 전하 사이에 작용하는 전기력을 계산할 때 사용하는 상수.

3

1↓								
		2↱		3↓ 파				
				4→	위	5↓		
6→	7↓ 진			8→	9↓	력		
				10↱ 전				
			11→			체		

답 112P

가로 열쇠

3 1초 동안 진동하는 횟수를 나타내는 주파수의 단위.

4 모든 물체 사이에 서로 끌어당기는 힘.

6 원자나 분자, 이온 입자의 물질량 단위인 1몰(mol) 중에 포함되는 입자의 수.

7 먼 곳에 있는 별의 스펙트럼선이 붉은색 쪽으로 치우치는 현상.

9 전기적으로 양성이나 음성 전하를 가진 이온 입자에서 나오는 파장 λ.

10 사람의 눈에 보이는 파장 범위 안에 있는 빛.

12 자석처럼 자성을 가진 물체 사이에 작용하는 힘.

세로 열쇠

1 이상기체를 압력과 부피, 온도의 함수로 다룰 때 사용하는 보편상수로 기호는 k 또는 kB를 사용한다.

2 물체의 운동을 방해하는 힘.

5 외부의 개입 없이는 다시 되돌릴 수 없는 상태.

6 기체의 압력을 재는 기구.

7 태양 빛을 프리즘으로 분산시켰을 때 적색선 바깥쪽에 있는 눈에 보이지 않는 전자기파.

8 수직을 이루는 횡파로, 전파 속도가 느리고 진동의 폭이 크며 고체 상태의 물질에서만 전파되는 지진파.

11 일정한 시간 간격으로 종이테이프에 타점을 찍어 물체의 운동을 기록하는 장치.

4

											1↓			2↓
									3→		ㅊ			
											4→			력
								5↓						
						6↱		가						
			7↱			이				8↓ S				
						9→			이					
10→	11↓		선			★								
12→	기													

답 112P

가로 열쇠

1 금속이 전기를 띠는 현상.

6 도선에 전류가 흐를 때 전체 전자의 양이 변하지 않고 일정하게 유지된다는 법칙.

9 에너지 보존법칙이라고도 하며 에너지는 형태가 변할 뿐 그 양은 항상 같다는 법칙.

10 전하를 가진 두 물체 사이에 작용하는 힘의 크기는 두 전하의 곱에 비례하고 거리의 제곱에 반비례한다는 법칙.

11 1923년 기본 전하와 광전 효과에 대한 연구로 노벨 물리학상을 수상한 학자. 로버트 ○○○.

세로 열쇠

2 어떤 물질의 전자 한 개가 지닌 최소의 전하량을 뜻하는 것으로 e로 표기한다.

3 고체 상태에서 전류가 잘 흐르는 물질.

4 '전압＝전류×저항'에서 저항과 전류와 전압과의 관계를 나타내는 법칙.

5 빛의 입사광, 반사광, 법선은 같은 평면상에 있으며, 입사각과 반사각의 크기는 항상 같다는 법칙.

7 온도가 높은 물체에서 온도가 낮은 물체로 열이 이동하며 반대 현상은 일어나지 않는다는 법칙.

8 부력의 원리라고도 하며 유체의 부력은 물체의 부피에 해당하는 무게와 같다는 원리.

10 전하량의 단위로 기호는 C이다.

				1→ 정		2↓	3↓						4↓	
											5↓		의	
													★	
					6→		량	★				★		
											★			
					7↓						법			
		8↓		9→	역		★							
					★									
10↓→		의	★											
		★												
	11→		컨											

답 113P

➡ 가로 열쇠

3 전류의 흐름을 방해하는 작용.

5 전기저항이 도체와 부도체의 중간 정도 값을 가지는 물질.

6 입사각과 반사각이 같은 반사.

7 대전체에서 전기가 방출되어 전하를 잃은 상태.

8 전류를 계속 흐르게 하는 능력으로 단위는 V(볼트)이다.

10 규칙적이지 않고 무질서한 정도를 측정하는 물리학적 양을 지칭하는 용어.

⬇ 세로 열쇠

1 빛이 진행하다 면에 부딪혀 튕겨 되돌아오는 현상.

2 일정 온도 이하가 되면 전기저항이 0이 되는 물질.

4 운동을 방해하는 힘.

6 전하가 흐르지 않고 머물러 있는 전기 현상.

9 건전지와 전기 장치를 도선으로 연결하여 전기를 흐르게 한 것.

11 낙뢰로 인한 피해를 막기 위해 높은 건물에 설치한 뾰족한 금속 막대기.

6

			1↓		2↓			
					3→		4↓ 저	
			★		도			
			5→ 반					
	6↓→							
7→	전							
	8→	9↓	력					
10→			11↓ 피					

답 113P

가로 열쇠

3 금속원자에 많으며 자유롭게 움직일 수 있는 전자. 원자핵에서 조금 멀리 떨어져 있다.

6 자기장의 방향을 이어 선으로 그린 곡선.

8 전기력이 작용하는 공간.

9 프랑스의 화학자 르클랑셰가 발명해 르클랑셰 전지라고도 하며 가장 널리 사용되는 대표적인 1차 전지.

12 달의 인력으로 생긴 지구의 밀물과 썰물 현상.

세로 열쇠

1 굴절률이 큰 유리 막대를 굴절률이 작은 물질로 만들어진 관에 넣고 뽑아낸 아주 가는 선.

2 $e-$ 로 표시하며 모든 물질의 구성요소로 음전하를 가지는 작은 입자.

4 전기를 띤 물체 사이에 작용하는 힘.

5 카메라, 시계, 계산기, 보청기 따위에 쓰이는 산화수은을 전극에 사용하는 소형 전지.

6 자기력이 작용하는 공간.

7 원자의 구조에 따라 방출되는 고유의 파장을 포함하는 스펙트럼.

10 전류가 흐르는 동안에만 자석의 성질을 발휘하는 자석.

11 빛이 실제로 모여서 만드는 상.

7

							1↓ 광		
									2↓
						3→		4↓ 전	
				5↓		6↱			7↓ 선
				8→		장			
9→			10↓ 전						
					11↓				
		12→			상				

답 113P

가로 열쇠

1 태양처럼 스스로 빛을 내는 물체 또는 태양빛을 반사해 빛을 내는 천체를 비롯해 전등, 네온 등 빛을 내도록 만든 기구나 도구.

3 자성체의 상호작용이 매우 강하여 무리를 지어 정렬한 원자들의 집단 전자.

6 물이나 공기와 같은 유체 속에서 중력과 반대 방향으로 작용하여 물체를 밀어 올리는 힘.

7 전기를 띤 물체.

9 X-선과 같지만 파장이 짧고 물질 투과성이 강하여 암을 치료하는 데 널리 쓰이는 방사선 중 하나.

11 일정한 시간 간격으로 흐름의 방향이 바뀌는 전류.

세로 열쇠

2 더 이상 쪼갤 수 없는 물질을 구성하는 최소 단위.

4 물체를 회전의 중심으로 끌어당겨 회전 운동하게 하는 힘.

5 지구를 둘러싼 강한 방사선대.

6 고체 상태에서 전류가 잘 흐르지 않는 물질.

8 전류를 통하여 열을 발생시키는 도선.

10 물체의 마찰을 통해 발생하는 물체 표면의 전하.

8

		1→	2↓ 원			
			3→		4↓	
		5↓				
				6↱	력	
				도		
		7→ 대	8↓			
	9→	10↓ 마				
11→			류			

가로 열쇠

2 빨강, 파랑, 초록색의 빛을 말하며 이 세 가지 빛을 섞으면 흰색이 된다.

4 관측자에 따라 시공간이 상대적인 값을 가진다는 아인슈타인의 대표적인 이론.

5 힘을 구성하는 힘의 크기, 방향, 작용점을 지칭하는 용어.

8 양성자와 함께 원자핵을 이루고 있는 핵자. 영국의 과학자인 채드윅이 발견했다.

9 지구 주변에 형성된 자기장.

세로 열쇠

1 먼 곳에서 오는 별빛 스펙트럼이 파장이 더 긴 빨간색 쪽으로 치우쳐 나타나는 현상.

3 빛이 직진하다가 물질의 경계면에서 진행 방향이 꺾이는 현상.

4 매우 약한 자성을 나타내는 자성체로 자기장 안에서는 약하게 자화하고 자기장이 없어지면 자화하지 않는 물질.

6 핀셋, 젓가락, 족집게 등의 힘점이 받침점과 작용점 사이에 있는 지레,

7 물질을 구성하는 가장 기본 요소.

8 지구상에서 중력이 미치는 공간.

9

												1↓	
							2→		★	삼			
	3↓								4↱			이	
5→		★	6↓ 3		7↓		8↱						
	★												
	굴		9→				장		체				

답 114P

가로 열쇠

1 눈에 보이지 않는 빛으로, 가시광선보다 짧은 파장을 가지고 있으며 사람의 피부를 태우거나 살균작용을 하는 파장.

3 전기회로 내의 기구를 기호를 사용하여 표시한 그림.

6 전자의 자전 운동을 지칭하는 용어.

8 물질의 원자 내부에서 일어나는 붕괴 현상이 방사능이라는 것을 발견했으며 원자와 우라늄 방사선을 연구해 1908년 노벨 화학상을 받은 학자.

9 두 개 이상의 파가 한 점에서 만날 때 합쳐진 파의 진폭이 변하는 빛의 현상.

10 시간과 공간이 존재하지 않고 크기가 0이며 밀도와 온도가 무한대가 되는 지점.

11 모든 물체들 사이에 서로 끌어당기는 힘.

세로 열쇠

2 전류가 흐르는 도선 주위에는 자기장이 만들어진다는 것을 발견한 덴마크의 물리학자.

3 전하의 위치에너지.

4 파동의 진행 경로에 있는 장애물에 때문에 파동이 그 주변으로 휘어져 도달하는 대표적인 파동 현상 중 하나.

5 반사 전파 주파수가 목표물의 속도에 따라 변동하는 도플러 효과를 응용하여 만든 레이더.

7 물체가 특정한 시각을 지나는 순간의 속력.

12 고전압을 걸 수 있는 코일.

10

										1→	2↓	
				3↓→		4↓ 회		5↓			6→ 스	
			7↓					8→ 러				
			9→ 간									
							10→		점			
11→	12↓ 유											

답 114P

가로 열쇠

2 지표면을 따라 전파되는 표면파로 진폭이 크고 지진이 일어났을 때 막대한 인명과 재산상의 피해를 준다.

3 별이 폭발한 후 원자핵끼리만 뭉쳐 생긴 별로 펄서라고도 한다.

5 자기장의 세기.

8 코일 내의 자기장을 변화시켜 전압을 유도해 전류를 흐르게 하는 현상.

9 영국의 과학자 채드윅이 발견한 것으로, 전하를 띠지 않는 원자를 구성하고 있는 입자의 한 종류.

10 중력이 작용하지 않는 것처럼 보이는 현상.

세로 열쇠

1 헬륨 원자핵을 지칭하는 용어.

3 물체가 중력에 의해 지표면 쪽으로 낙하할 때 발생하는 가속도.

4 전기장과 자기장으로 이루어진 파장.

6 파장에 따른 굴절률의 차이를 이용해 빛을 분해한 것,

7 전자와 전기량, 질량, 스핀 등의 성질은 같으면서 양의 전하를 가지는 입자.

9 중력이 작용하는 공간.

11

										1↓	
									2→ L		
								3↱		자	
						4↓		5→		6↓	
				7↓							
				8→		기					
		9↱		자						럼	
10→	중										

답 114P

가로 열쇠

1 물질의 특이성에 의존하지 않는 절대적인 온도.

4 뇌의 신경 활동과 같은 매우 미약한 자기장의 세기를 측정하는 데에 응용되어 측정하는 장치.

7 원자 안에 중심을 차지하고 있으며 중성자와 양성자로 이루어진 양전하를 띠고 있는 원자의 구성입자.

8 진공 유리관 속에 낮은 압력의 기체를 채우고 전류를 흘려보낼 때 만들어지는 플라스마에서 아름다운 빛이 생기는 기체 방전의 한 종류.

11 백색광을 렌즈에 입사시켰을 때 파장의 굴절률 차이로 인해 색깔마다 초점이 달라지는 현상.

세로 열쇠

2 우주는 한 점에서 엄청난 폭발로 탄생해 계속 팽창하고 있다는 우주 형성 이론.

3 같은 물질이라도 도선의 길이에 비례하고 단면적에 반비례하는 저항의 성질을 나타내는 말.

5 원자 안에 있으며 중성자와 함께 원자핵을 구성하고 있는 입자.

6 강력한 자기장을 이용하여 열차를 뜨게 함으로써 지면과의 마찰을 줄여 매우 빠르게 달리도록 만든 열차.

7 연쇄 핵분열 반응을 제어할 수 있는 연쇄반응 시설.

9 전류를 흐르게 할 수 있는 힘.

10 빛을 내는 물체가 빛스펙트럼에서 파장이 더 짧은 파란색 쪽으로 치우쳐 나타나는 현상.

12

1→	2↓		3↓								
	폭										
			★								
		4→		도	★	5↓					6↓
											기
					7↓→	자					
			항								
				8→			9↓ 전		10↓		
									11→ 색		

답 114P

가로 열쇠

2 시간의 경과에 따른 전압의 변화를 볼 수 있는 장치로 전기 진동이나 펄스와 같이 시간적 변화가 빠른 신호를 관측한다.

6 두 개의 도체가 근접하여 있을 때 그 사이에 에너지 장벽이 있더라도 전자가 이를 뚫고 통과하는 현상.

8 두 개의 전극을 넣은 진공 유리 방전관.

10 블랙홀에서 방출되는 양의 에너지만큼 블랙홀에 흡수되는 음의 에너지에 의해 블랙홀이 서서히 소멸되는 현상.

11 전기회로의 직류 또는 교류전류의 크기를 측정하는 계기.

세로 열쇠

1 지구의 온실가스와 복사열 등이 대기를 빠져나가지 못해 지구가 점점 뜨거워지는 현상.

3 별이 블랙홀로 변하는 과정에서 열과 같은 에너지를 방출할 수도 있음을 증명해 보였으며 빅뱅이론으로 유명한 영국의 이론 물리학자.

4 빛의 분산과 굴절 등을 위해 유리나 수정으로 만든 삼각기둥 모양의 광학 장치.

5 고온 초전도체로 강력한 자기장을 발생시켜 입자 빔의 운동을 통제하는 입자가속기.

7 오목거울에 반사시켜 나온 빛을 볼록렌즈에 상을 맺게 하여 굴절망원경의 색 퍼짐 문제를 해결한 망원경.

9 등속운동하는 세계를 지칭하는 용어로 뉴턴의 제1운동법칙이 성립하는 좌표계.

11 질량과 같이 물체의 기본 특성 중 하나로 전기 현상의 원인이 되는 것.

13

						1↓						
						2→			3↓		4↓ 프	
5↓							효					
6→ 전					★							
									★			7↓
8→				9↓ 관					10→			사
									킹			
		11↓→	류									

답 115P

가로 열쇠

2 전기저항이 거의 없는 물질.

6 아인슈타인의 일반상대성이론에 대한 증거 중 하나인 중력장에서 휘는 빛 이론을 실험적으로 증명해낸 영국의 천문학자.

7 빛의 굴절 현상을 이용하는 망원경.

8 물체가 일을 할 수 있는 능력을 말하며 형태가 다양하다.

9 공기처럼 압축되지도 않고 임의의 점에서 항상 속도가 일정하며 저항도 없는 유체.

11 1945년 8월 6일 일본 히로시마에 투하된 원자 폭탄의 코드명.

세로 열쇠

1 전하를 띤 입자.

3 천체 관찰이나 X－선, 자외선, 적외선 등을 관측할 수 있으며 렌즈 없이 금속판 망 등으로 반사경을 만들어 천체에서 오는 전파를 모으는 망원경.

4 $e=mc^2$(e: 에너지, m: 질량, c: 빛의 속도). 에너지와 질량과의 관계를 나타내는 원리.

5 파동의 진행 경로에 있는 장애물 때문에 파동이 그 주변으로 휘어져 도달하는 대표적인 파동 현상 중 하나.

10 비행기가 뜨는 원리이기도 하며 액체, 기체와 같은 유체의 역학적 에너지는 보존된다는 것을 설명하는 역학이론.

14

		1↓								
	2→			3↓ 전			4↓			
							★			
	5↓						6→		턴	
7→	절									
					8→		지			
9→			체				★			
										10↓
							11→ 리			
										★
										과

가로 열쇠

2 진공 펌프를 발명했으며 두 개의 전극을 넣은 진공 유리관을 만든 독일의 기계 기술자.

3 1905년 아인슈타인이 발표한 이론으로 빛은 입자이면서 파동인 두 가지 성격을 모두 갖고 있다.

5 1985년 독일의 물리학자 뢴트겐이 처음 발견했으며 투과성이 강하여 의료 분야에 많이 사용되는 전자기파.

6 일정한 시간 동안 사용된 전기에너지의 총량.

7 철광석을 녹여 강자성체인 철만 뽑아내 만든 자연 자석.

9 아인슈타인이 주장한 입자이면서도 파동인 빛의 이중성을 물질에 적용시켜 전자를 입자이면서 파동으로 볼 수 있다는 프랑스의 이론물리학자 '드 브로이'가 제시한 이론.

세로 열쇠

1 노벨상 수상자인 리처드 파인만의 스승이자 블랙홀이란 이름을 만들어 낸 미국의 물리학자.

2 400nm에서 700nm까지의 범위를 감지하는 사람의 눈에 보이는 전자기파의 영역.

4 같은 극끼리는 서로 밀어내고 다른 극끼리는 서로 당기는 자석과 자석, 자석과 금속 사이에 작용하는 힘.

6 전기가 통할 때만 자석의 성질을 띠는 자석.

8 파면의 모양이 원 또는 구면을 이루는 파동.

10 물질이 본래부터 가지고 있는 고유한 양.

15

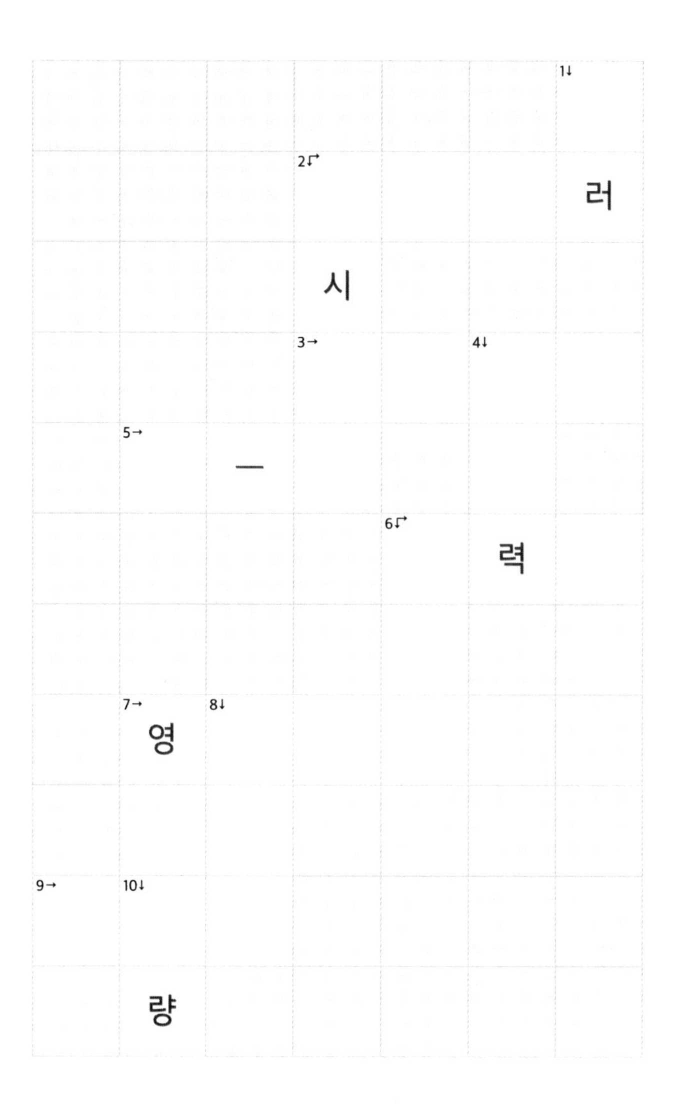

답 115P

가로 열쇠

1 전자석을 이용한 통신 장치 발명과 최초의 무선 통신 실용화로 장거리 무선 통신의 기초를 세운 이탈리아의 전기 기술자. 1909년 노벨 물리학상을 받았다.

2 전자기파를 발견한 영국의 물리학자.

3 관찰자와 파동의 근원 간의 상대적 운동에 따라 둘 사이의 거리가 좁아질 때에는 높은 주파수로, 거리가 멀어질 때에는 낮은 주파수로 음파의 진동수가 변화한다는 효과.

5 도넛 모양의 장치 외부에 구리줄을 감아 자기장이 생기게 하고, 그 내부에 갇힌 플라스마가 핵융합반응을 일으키도록 설계된 기초 실험장치.

8 순물질 도선의 저항값을 측정해 온도로 환산하는 온도계.

10 외부 자기장을 이용해 강자성체를 자석으로 만들 때 자석화의 세기가 이전에 받은 자석화의 과정에서 영향을 받는 현상.

세로 열쇠

1 액체나 기체와 같은 유체 안에 있는 회전체의 회전축이 흐름에 수직일 때 유속 및 물체의 회전축에 대해 수직 방향으로 힘을 받는 현상.

4 기체에 열이 가해져 형성된 이온핵과 자유전자 입자들의 집합체로 고체, 액체, 기체와 더불어 '제4의 물질상태'로 불린다.

6 단색성의 한 가지 파장으로 된 빛.

7 냉장고나 에어컨, 열펌프 등 온도를 낮추거나 올리는 기구의 효율을 나타내는 척도.

9 공간의 위치에 따라 주어진 온도의 공간적인 변화율.

16

					1↱			니
				2→	스			
					★			
3→	4↓		★	효				
	5→ 스			6↓				7↓
								능
				8→ 저		9↓		
					10→	기		

답 115P

가로 열쇠

2 강력한 전자기파를 발사해 반사되어 돌아오는 반향파를 수신해서 물체의 위치, 움직이는 속도 등을 탐지하는 장치.

5 1738년 유체에 대한 에너지 보존법칙을 발표하고 유체 역학의 기초 개념을 세운 스위스의 이론물리학자.

6 1기압 하에서 물의 어는점을 32, 끓는점을 212로 정하고 두 점 사이를 180등분한 온도눈금,

7 아인슈타인이 주장한 입자이면서도 파동인 빛의 이중성을 물질에 적용시켜 전자를 입자이면서 파동으로 볼 수 있다는 프랑스의 이론물리학자. 1929년 노벨상을 수상했다.

8 질량, 회전축을 중심으로 대칭이며 사건의 지평선 외부에 에르고스피어ergosphere라는 영역이 존재하는데 이는 자연에 실제로 존재할 가능성이 가장 높은 블랙홀이다. 회전 블랙홀이라고도 한다.

9 강자성체를 이루는 원자 결정 속에서 원자의 자기 모멘트 방향이 일치하는 아주 작은 구역.

세로 열쇠

1 도선을 촘촘하고 균일하게 원통형으로 감아 만든 기기.

3 중성자에 의한 인공 방사능 연구로 1938년 노벨 물리학상을 받은 이탈리아계 미국인 물리학자.

4 주변 온도를 인지해 미리 정해 놓은 온도를 유지하도록 조절해주는 장치.

6 블랙홀의 반대 개념으로 블랙홀로 빨려 들어간 천체들이 다시 빠져나오는 가상의 천체.

9 지구의 회전축인 지리적 북극과 나침반이 가리키는 북극 방향 사이의 각도 차이.

17

			1↓								
			2→ 레								
	3↓								4↓		
5→	르					6↱ 화					
			7→	브							
		8→	★	블				9↱	기		
								편			

답 116P

가로 열쇠

1 오목한 면을 반사면으로 한 거울.

3 물체가 끌어당기는 힘.

4 전남 고흥군 나로도에 위치한 위성 발사가 가능한 우리나라의 우주 기지.

6 파면상의 모든 점이 2차 점광원으로 작용하여 발생시키는 구면파가 새로운 파면이 된다는 이론. 파의 진행 모양을 그림으로 구하는 방법을 나타내는 원리.

8 입사각 i가 커지면 굴절각 r도 커진다는 법칙. 1620년경 네덜란드의 물리학자인 스넬이 발견했다.

9 대전 입자를 가속시키는 장치의 일종.

세로 열쇠

1 오른손으로 전선을 잡았을 때 엄지 손가락은 전류의 방향이고 나머지 네 손가락은 자기장의 방향을 가리키는 법칙.

2 둘 이상의 힘을 합쳐 생기는 힘.

3 지구의 궤도권을 돌며 기상관측, 군사, 통신 등의 다양한 목적을 수행하기 위해서 사람이 만들어 쏘아 올린 위성.

5 물, 공기, 가스와 같은 액체나 기체의 에너지를 기계적 일로 바꾸어 주는 기계.

7 파장이 25μm 이상인 적외선

18

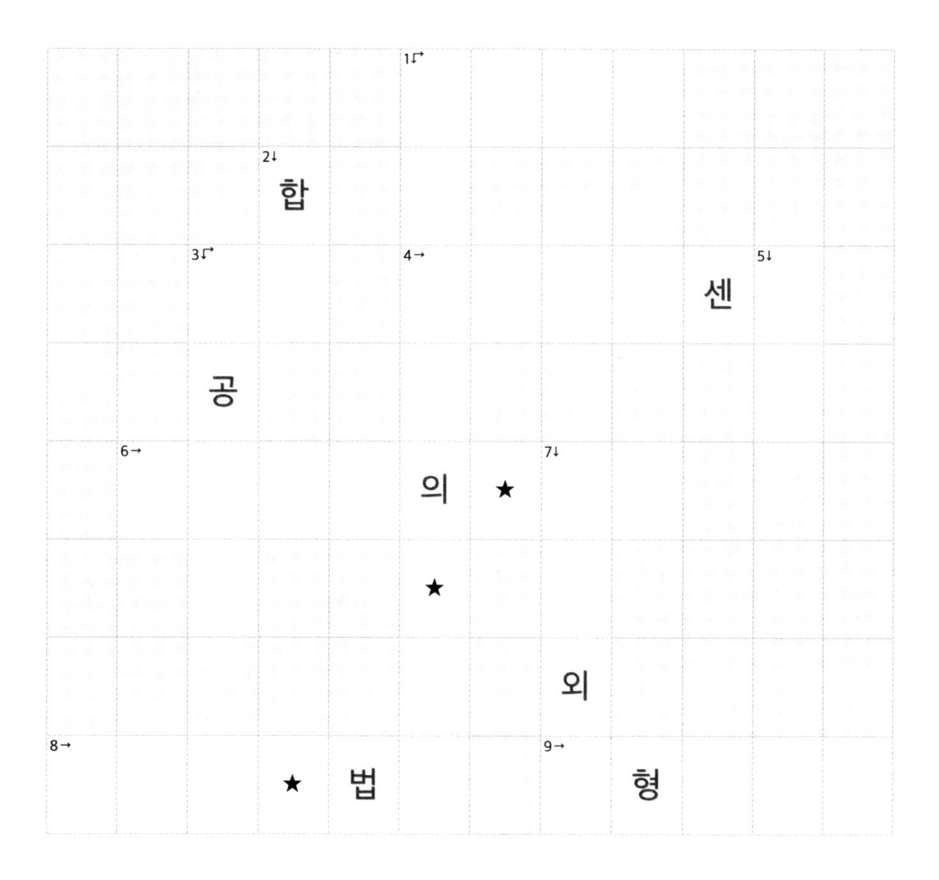

답 116P

가로 열쇠

2 물체에 작용하는 모든 힘들의 합력.

5 입자물리학에서 우주의 기본 4가지 힘인 강력, 중력, 약력, 전자기력을 모두 아우르는 근원이 되는 하나의 힘을 설명하는 이론. 뉴턴 시대 이후부터 시작되었으며 아인슈타인이 죽을 때까지 매달렸던 중심과제였다고 한다.

8 두 가지 이상의 빛을 합하여 다른 색의 빛을 얻는 것.

9 빛을 받은 물체가 다른 빛을 내는 현상.

11 물리학자 파울리 주변에서 벌어지는 반복되는 실험기기 고장 현상들을 물리학자들이 희화화하여 불렀던 용어로 어떠한 일이 동시적으로 일어나는 것을 말한다.

12 영국의 물리학자 레일리가 정한, 분해 가능한 두 빛 사이의 각도 한계.

세로 열쇠

1 빛은 파동이지만 그 에너지는 일정 단위로 띄엄띄엄 떨어져 있다고 주장한 알베르트 아인슈타인의 이론.

3 알짜힘이 0인 상태.

4 열을 내지 않고 빛을 내는 현상.

6 일의 양을 나타내는 단위.

7 입자도 파동의 특성을 가지며 때로는 파동도 입자와 같이 행동할 수 있다는 입자의 성질.

8 빛이 물이나 프리즘, 유리와 같은 투명한 매질을 통과하면서 굴절되는 정도가 달라서 색깔이 분리되는 현상.

10 금속판에 빛을 쪼이면 전자가 나오는 현상.

19

					1↓					
					2→	짜	3↓			
										4↓
	5→	6↓ 일		7↓			★			광
8↓→	의	★					9→ 형	10↓		
★				11→			★	효		
12→	해									

답 116P

가로 열쇠

2 힘, 열, 소리, 전기, 빛, 에너지 등과 물질을 구성 입자에서부터 우주의 형성에 이르기까지 다양한 범위에 걸쳐 물질의 운동과 특성을 연구하는 학문.

4 시간에 따라 물체의 위치가 변하는 현상.

6 속력은 일정하고 운동 방향이 변하는 운동.

7 지구 대기 밖의 광원에서 나오는 X-선을 관측하기 위한 망원경.

8 원자가 전자를 잃어서 (+) 전하를 띠는 입자.

10 바퀴에 끈을 달아 힘의 방향을 바꾸거나 작은 힘으로도 무거운 물체를 들어 올릴 수 있도록 만든 장치.

세로 열쇠

1 방향과 속력이 동시에 변하는 운동.

3 태양이나 전등과 같이 스스로 빛을 내는 물체.

5 힘이 물체에 작용할 때 힘의 작용점을 지나면서 힘의 방향으로 그은 선.

6 아인슈타인의 일반상대성이론의 기본 바탕이 되었으며 중력과 가속도가 같다고 볼 수 있다는 원리.

7 자외선보다 파장이 짧으며 파장이 10~0.01나노미터(nm)의 전자기파.

9 온도를 재는 기구.

20

								1↓		
								2→ 물		
						3↓		4→		
		5↓		6↱		원				
		용								
	7↱ X									
8→		9↓ 온								
		10→	르							

답 116P

가로 열쇠

1 태양 표면에서 발생한 대전 입자들이 매우 빠른 속도로 날아다니는 것.

2 특정한 한 가지 색으로만 보이는 분산되지 않는 빛.

4 에너지는 생성되거나 소멸되지 않고 단지 형태만 바뀐다는 법칙.

6 지구 내부의 열을 이용하여 전기를 일으키는 에너지.

7 수많은 과학자들이 다양한 방법으로 측정했으며 1983년 299,792.458 km/s로 공인된 값.

8 모든 물질은 더 이상 쪼개지지 않는 입자인 원자로 이루어져 있다는 원자설.

9 행성 모형 중심에 원자핵이 존재하고 주위에 전자가 도는 모형.

11 하나의 중성자와 우라늄이 충돌하여 나온 2개의 중성자가 연쇄적으로 분열하여 엄청난 에너지를 내는 현상.

세로 열쇠

1 태양에서 나오는 빛에너지를 전기에너지로 전환하여 쓰는 에너지.

3 따개, 펀치 등의 작용점이 받침점과 힘점 사이에 있는 지레.

5 원자핵 주위의 일정한 위치에서 전자가 원 궤도를 도는 모형.

10 원자의 중심에 위치하며 (+) 전하를 띠고 양성자와 중성자로 이루어진 입자.

21

						1↓→		풍				
				2→	색							
		3↓ 2				4→			5↓			
		6→				지		7→	의	★		
									★			
				8→		의	★					
9→					★	10↓		모				
			11→		★	핵						

답 117P

가로 열쇠

1 파형의 높이.

3 실에 매단 물체가 왕복하는 운동.

5 여러 가지 색의 빛이 섞여서 특정한 색이 없는 것처럼 보이는 빛.

6 일정한 시간 간격으로 물체의 운동을 사진으로 찍어 기록하는 장치.

8 어떤 물질이 자석으로 되는 성질의 정도를 나타내는 값.

10 상대성이론과 양자역학이 나오기 전인 20세기 초까지의 뉴턴 역학과 맥스웰의 전자기학을 주축으로 하고 있던 물리학,

세로 열쇠

1 파동이 1초 동안 위아래로 진동하는 횟수.

2 빛을 내는 p형 반도체와 n형 반도체를 접합하여 만든 p-n 접합.

4 자기력이 작용하는 공간.

7 빛의 이중성 중 입자라고 생각하는 면에서 빛을 구성하는 작은 입자를 지칭하는 용어.

9 연료를 태워 나온 열로 터빈을 돌려 전기를 얻는 방식.

22

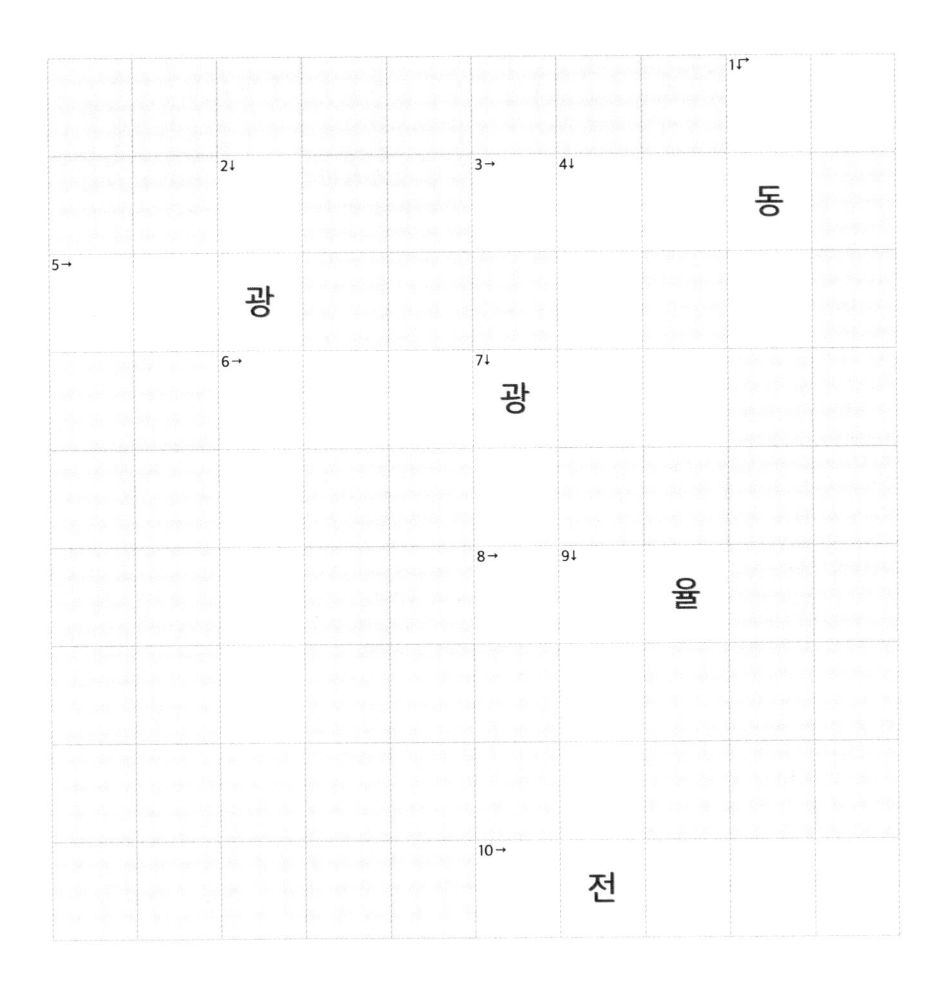

답 117P

가로 열쇠

3 주석과 납으로 된 초전도체 주변의 자기장 측정 중에 발견되었으며 초전도체가 자기장을 밀어내는 효과.

4 접촉면과 수직인 방향으로 서로 밀어주는 힘.

5 우리 우주를 구성하는 가장 기본이 되는 물질과 법칙을 연구하는 물리학 분야.

6 지구를 둘러싸고 있는 공기에 의한 압력.

7 2개의 좌표계가 서로 일정한 속도로 운동할 때 한쪽 좌표계에서 다른 쪽 좌표계로 뉴턴의 고전역학에 따라 변환해주는 법.

8 제한된 환경과 공간 영역에 갇힌 전자.

10 물질의 성질을 가지는 가장 작은 입자.

세로 열쇠

1 스핀이 0인 보손으로 우주를 구성하는 가장 근본 입자 중 하나.

2 빛의 속도는 변하지 않고 관찰자에 따라 시간과 공간이 다르게 흐른다는 아인슈타인의 이론.

3 말이 1분 동안 하는 일을 실측하여 만든 단위.

5 전자나 양성자 같은 입자를 강력한 전자기장 속에서 가속시켜 큰 운동에너지를 발생시키는 장치.

9 물질에 전기에너지를 가하여 산화, 환원반응이 일어나도록 하는 것.

23

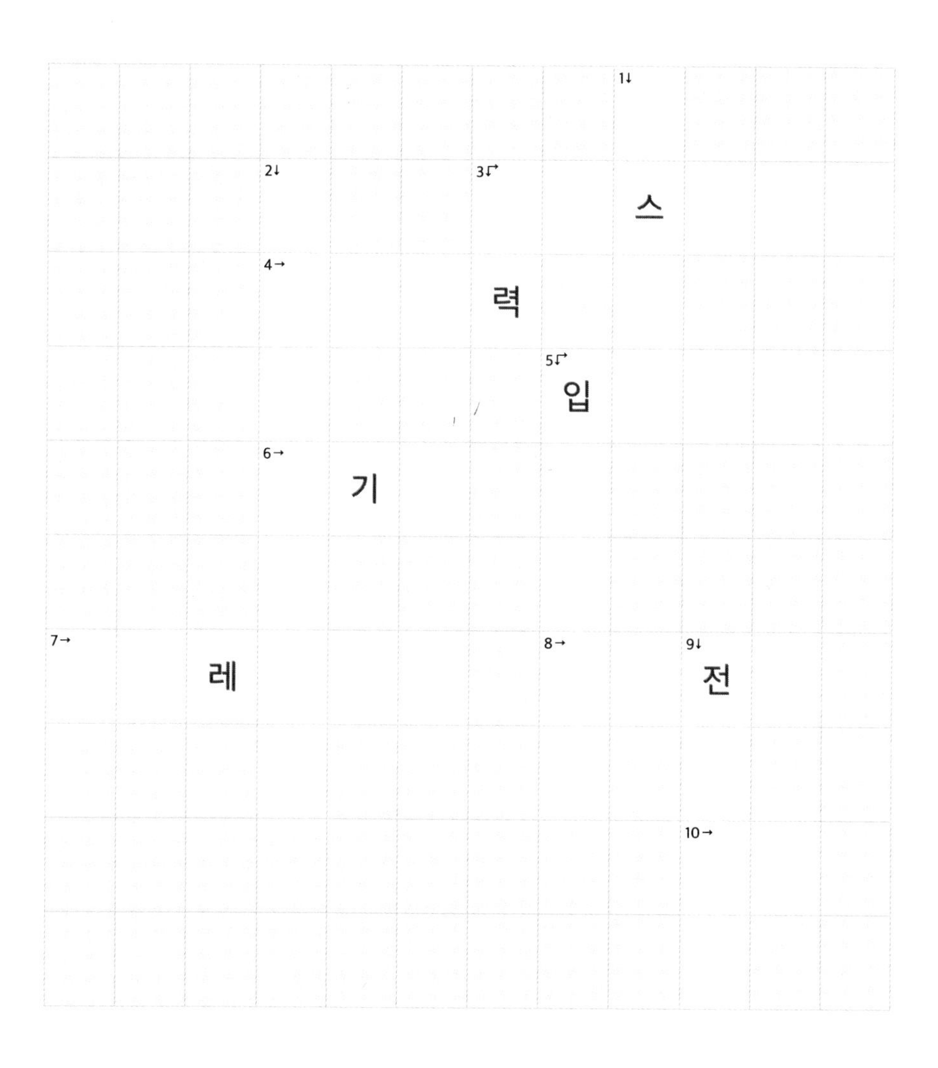

답 117P

가로 열쇠

2 아인슈타인에 의한 상대론과 양자역학이 주축을 이루는 20세기 초반 이후에 형성된 물리학.

4 에너지의 연속성을 주장하는 고전역학과는 다르게 에너지가 연속적이지 않고 띄엄띄엄한 값만을 갖는다는 양자 역학계의 에너지 현상을 지칭하는 말.

6 태양이나 전기로부터 얻을 수 있는 에너지.

7 빛이 온 사방으로 흩어지는 현상.

9 외부 자기장에 의해서 자기장과 반대 방향으로 자석화되는 물질.

10 입사 광선과 법선이 이루는 각을 지칭하는 용어.

세로 열쇠

1 화학 결합에 의해 물질 속에 저장된 에너지.

3 물체가 전기를 띠는 것.

5 대기 중에 온실 효과를 일으키는 온실기체의 증가로 지구의 평균 기온이 상승하는 현상.

6 두 가지 이상의 단색광이 합쳐져서 다른 색으로 보이는 현상.

8 블랙홀에서만 볼 수 있는 매우 특이한 시공간으로 탈출속도가 빛의 속도보다 빨라져 이 시공간을 기점으로 블랙홀을 빠져 나올 수 없게 된다.

9 반사 광선과 법선이 이루는 각을 지칭하는 용어.

24

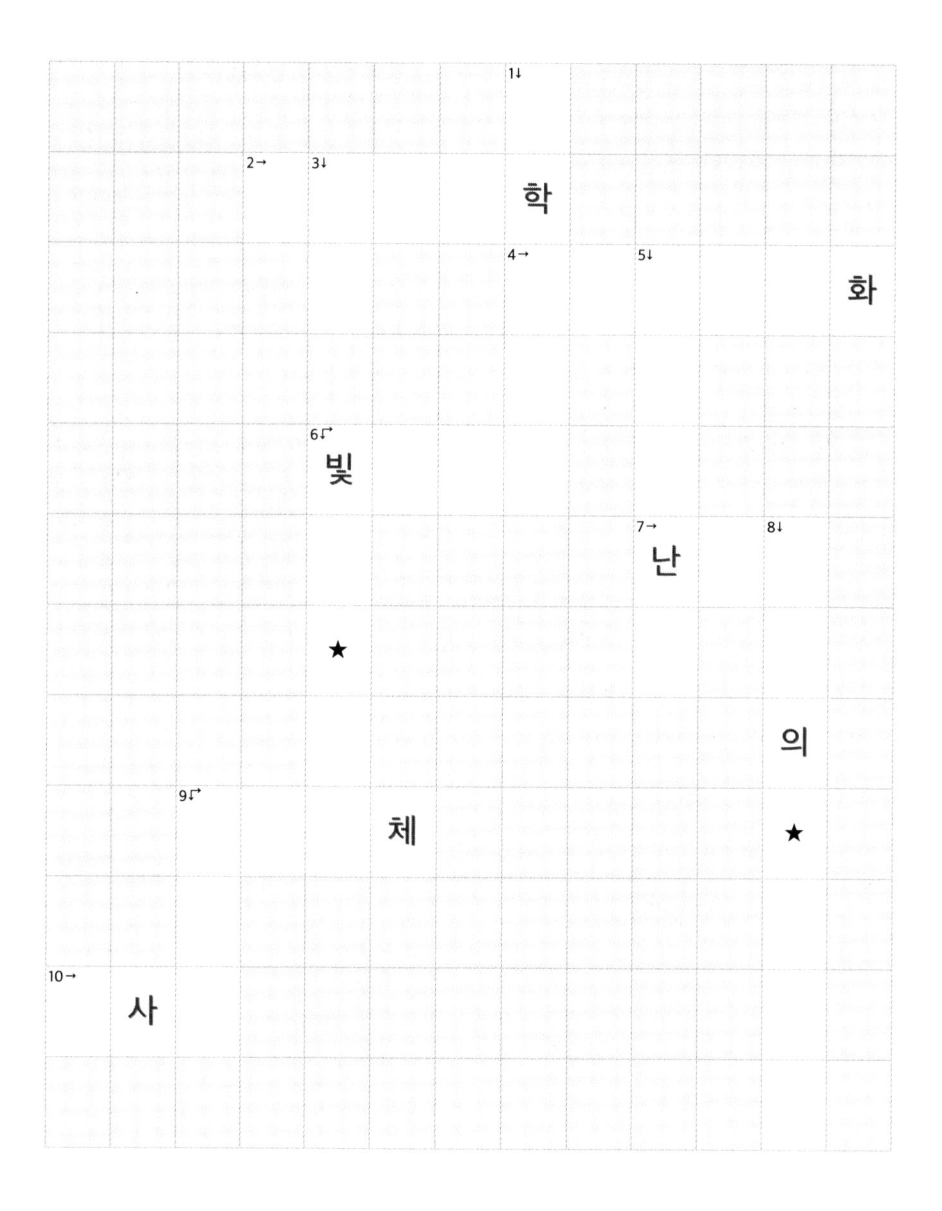

➡ 가로 열쇠

1 세상을 이루고 있는 기본물질이 입자라고 보는 생각.

2 열을 밖으로 투과시키지 않는 벽으로 둘러싸인 공간 내에서 벽과 열평형 상태에 있는 전자기파의 상태.

3 진공관 안에 설치한 두 개의 전극 중 음극에서 방출된 전자의 흐름.

4 종파이며 전파 속도가 빠르고 진동의 폭이 작으며 고체, 액체, 기체를 모두 통과하는 지진파.

5 태양을 중심으로 지구가 회전운동을 한다는 코페르니쿠스의 우주관.

6 정전기 유도를 이용해 물체의 대전 상태를 알아내는 데 이용하는 도구.

8 지구의 중력이 물체를 잡아 끌어당기는 힘의 크기.

9 전하의 이동으로 발생하는 에너지.

⬇ 세로 열쇠

1 반사면을 향해 들어가는 빛.

3 소나라고도 하며 음파를 이용해 수중에 있는 물체와의 거리와 방위를 알아내는 장치,

7 모터와 같이 전기에너지를 역학적 에너지로 전환하여 만든 장치나 기계들의 총칭.

8 비가 온 뒤 공기 중의 작은 물방울들이 프리즘처럼 햇빛을 굴절 반사시켜 다양한 색깔로 분산되게 하는 현상.

25

				1↱		설
	2→		복			
		3↱	극			
	4→ P					
		5→ 지				
6→	7↓					
	동			8↱		
9→				지		

답 118P

가로 열쇠

3 모든 물질의 근원은 물이라는 1원소설을 주장한 그리스 철학자.

4 온도의 표준단위인 K(켈빈)을 쓰며 온도를 색으로 나타낸 것.

5 지구의 자전과 공전에 의해 천구가 움직이는 것처럼 보이는 현상처럼 관찰자와 관측의 대상이 되는 물체의 상호작용의 효과로 나타나는 물체의 상대적인 운동.

7 끝부분이 뾰족한 모양에서 방전이 쉽게 일어나는 현상.

8 지상의 관찰자가 볼 때는 마치 하늘에 정지한 것으로 보이지만 실제는 적도 상공에 위치한 정지궤도에서 지구와 같은 속도로 회전 운동하는 위성.

9 약 1시간 동안 제품을 사용했을 때 소비되는 전력량.

세로 열쇠

1 1913년 새로운 원자모형을 제안하여 양자역학과 핵반응론의 기초를 만든 덴마크의 물리학자.

2 모든 물질은 물, 불, 흙, 공기의 4원소로 이루어져 있다고 주장한 고대 그리스 철학자.

4 우리가 일상적으로 보는 실제 색과는 무관하며 우주의 근원의 힘 중 하나인 강한상호작용의 원천이 되는 양자색역학에 나오는 추상적 성질.

6 질량수는 다르나 원자번호가 같은 원소.

7 유체의 흐름을 방해하는 마찰력에 의한 저항.

8 전기를 이용한 기계나 제품들이 정상적으로 동작할 수 있도록 공급해 주어야 하는 기준 전압.

26

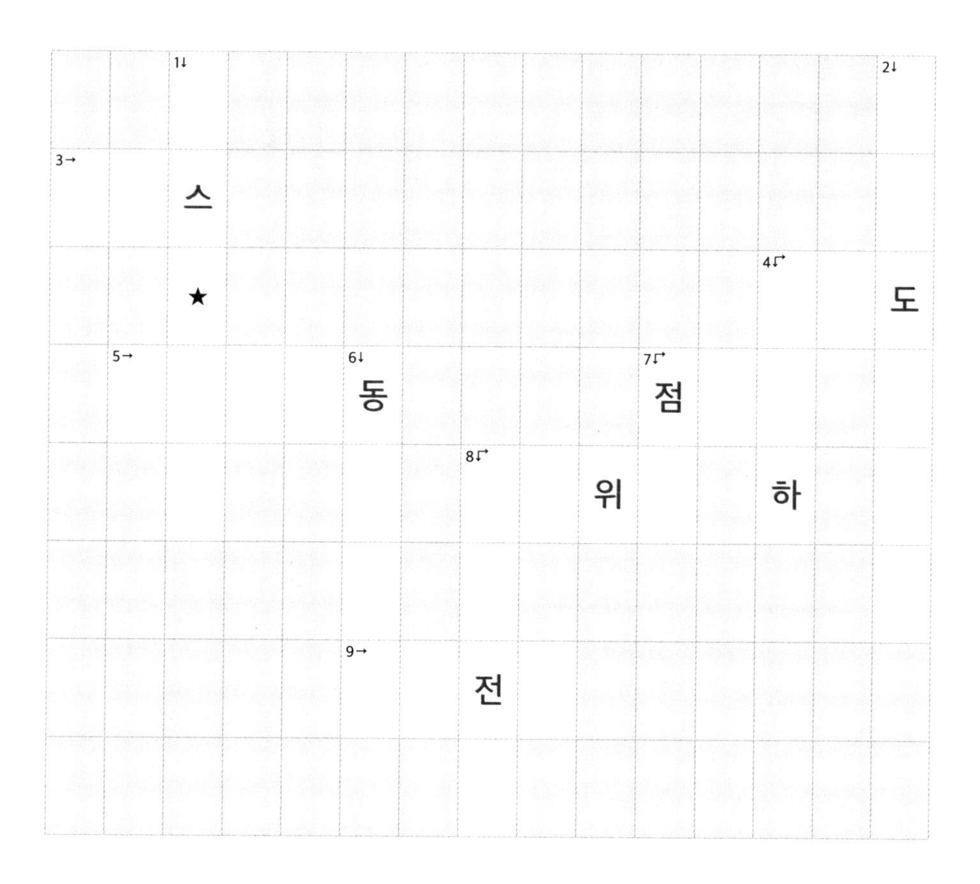

답 118P

가로 열쇠

3 상과 물체의 크기가 같고 좌우가 반대로 보이는 평면을 반사면으로 한 거울.

4 직진하던 빛이 물체에 부딪혀 진행 방향이 바뀌는 현상.

5 전압을 원하는 값으로 바꾸어 주는 장치.

8 공급된 열에너지 중 효율적으로 이용된 열량의 비율.

9 전선 한 개에 여러 개의 전구를 이어 연결하는 방법.

10 탄성을 가진 물체가 원래의 모양으로 되돌아가려고 할 때 나타나는 힘.

11 '피에조 전기현상'을 발견하고 '퀴리 전압계'를 발명한 프랑스의 물리학자. 부인 마리퀴리와 함께 발견한 라듐으로 노벨상을 수상했다.

세로 열쇠

1 볼록한 면을 반사면으로 하는 거울.

2 여러 개의 저항의 양 끝을 나란히 연결하는 방법.

3 방향이 서로 다른 두 힘이 한 물체에 작용할 때 이 힘을 이웃한 두 변으로 하는 평행사변형을 그리면 그 대각선이 두 힘의 합력이 되는 방식으로 힘의 합력을 구하는 방법.

6 액체가 기체로 변할 때 외부에서 흡수된 열.

7 두 가지 이상의 단색광이 합쳐져서 다른 색으로 보이는 현상.

9 전기적 위치에너지의 차이를 지칭하는 용어로 전위차라고도 한다. 전위차가 높을수록 전기에너지가 강해진다.

10 물체를 자주 사용하여 탄성이 점차 약해지는 현상.

27

											1↓		
						2↓			3↓→ 평				
					4→ 빛		★						
						★			5→		6↓		
		7↓									8→ 열		
9↓→			★			연							
압		★											
		합											
	10↓→												
	11→ 피			★									

가로 열쇠

4 전자기 유도에 의해 코일에 흐르는 전류.

5 무게를 제거하면 늘어났던 길이가 원래의 길이로 돌아가는 물질.

6 한 개의 전선을 여러 개로 나누어 각 전선에 전구를 한 개씩 연결한 방법.

7 외부에 의해 자화되었다가 외부 자기장을 제거하면 자성을 잃는 물질.

8 접촉하고 있는 두 표면에 작용하는 운동 마찰력과 수직항력과의 비례 관계.

10 물질은 더 이상 쪼갤 수 없는 입자로 이루어져 있다고 주장한 그리스 철학자.

세로 열쇠

1 톰슨이 개발한 온도 체계로 전 세계 과학자들이 사용하는 절대온도.

2 $k = 9.0 \times 109 Nm^2/C^2$

3 한쪽 방향으로 계속 흘러가는 전류.

4 액체와 기체를 합쳐 부르는 물리 용어.

5 운동량과 운동에너지가 보존되는 충돌.

9 회전하는 볼에 작용하여 휘어져 가도록 하는 힘.

28

				1↓				2↓					
						3↓ 직							
			4↱	도									
	5↱					6→		의	★				
								★					
								7→			체		
	돌		8→		9↓		계						
10→					스								

답 118P

가로 열쇠

1 슬라이드 위에 놓인 물질에 현미경을 통해 레이저를 보내면 매우 강한 빛 점이 만들어지는데 아주 작은 플라스틱 구는 빛과 상호작용하여 빛의 중심으로 당겨진다. 이 빛이 플라스틱 구를 끌고 슬라이드 위를 돌아다니는데 이와 같은 원리를 이용하여 만든 기구.

4 궤도 반경의 세제곱은 주기의 제곱에 비례한다는 케플러의 법칙.

7 모든 방향에서 물체에 균일한 압축력이 가해졌을 때 압축되지 않으려고 저항하는 정도를 나타내는 값.

8 쿼크로 이루어진 모든 입자들을 지칭하는 용어.

9 위치가 고정되어 제자리에서 회전하며 힘의 방향을 바꿀 수 있는 도르래.

세로 열쇠

1 전기저항 · 전류 · 기전력에 대한 표준측정을 하고 복사에 관한 레일리 진스의 공식을 유도한 영국의 물리학자.

2 저항이 직렬과 병렬로 혼합 연결되어 있는 상태.

3 1690년에 진공 펌프를 발명한 독일의 물리학자.

5 모든 물질이 한 점에 모여 있던 플랑크 시간 이전의 부피를 칭하는 용어.

6 관측자에 따라 시공간이 상대적인 값을 가진다는 아인슈타인이 발표한 대표적인 이론.

8 1927년에 물질이 파동이자 입자라는 이중성에서 파생된 불확정성 원리를 제안했으며 보어와 함께 양자역학의 기초를 마련한 독일의 물리학자.

9 액체, 기체, 플라스마와 함께 물질의 4가지 상태 중 하나이며 가장 단단하고 부피와 모양이 일정하게 유지되는 물질의 상태.

29

1↱		2↓	족		3↓								
					4→	5↓			★		3		
		★							6↓				
		혼				크							
						7→			성				
							8↱ 하						
				9↱				래					
				체									

답 119P

가로 열쇠

2 오스트리아 출신의 여성 물리학자로 프로토악티늄과 중성자를 이용한 핵분열을 발견한 핵분열 연구의 창시자 중 한 명.

5 현재 우리가 전하라 부르는 것을 감지할 수 있는 최초의 장치.

7 전자석에 의해 만들어진 강한 자기장이 큰 힘을 낼 수 있는 원리를 설명하는 법칙.

8 수은을 이용해 대기압의 크기를 최초로 측정한 이탈리아의 과학자.

9 전기 분해에 관한 이온의 대전량을 측정하고 전기원자들을 주장하여 처음으로 '일렉트론^Electron'이라고 명명한 영국의 물리학자.

11 벌레 구멍이라는 뜻으로 블랙홀과 화이트홀을 연결하는 통로.

12 주기율표상의 원소를 나타내는 기호.

세로 열쇠

1 입자의 위치와 운동량을 모두 정확하게는 알 수 없다는 원리.

3 아인슈타인의 일반상대성이론에서 중력장 방정식을 풀어 구한 해를 바탕으로 제안한 블랙홀 모델. 무한히 큰 질량이 한 점에 모여 있고 그 주변에는 구면 경계가 있으며 이 구면은 사상의 지평선이라고 한다.

4 물질은 물, 불, 흙, 공기로 이루어져 있으며 이 원소들은 차가움, 따뜻함, 건조함, 습함에 의해 서로 바뀔 수 있다고 주장한 고대 철학자.

6 순수한 물 1g을 1℃ 올리는 데 필요한 열량의 단위.

10 물체를 회전시키는 물리량을 지칭하는 용어로 비틀림 모멘트라고 한다.

30

	1↓												
2→									3↓				
				4↓									
	5→			리			6↓						
							7→ 로				★		
				8→									
	★								★				
	불			9→	10↓ 토								
								11→	훌				
	12→			호									

답 119P

가로 열쇠

1 헬륨 원자의 핵인 α입자를 방출하고 보다 안정한 원소가 되는 과정.

2 X-선을 발견하고 1901년 세계 최초로 노벨물리학상을 받은 독일의 물리학자.

3 새로운 연소이론과 새로운 《화학명명법》을 만든 프랑스의 화학자.

5 경유 또는 중유를 연료로 작동하는 내연기관.

8 (+) 전하가 고르게 퍼져 있고 (-) 전하를 띤 전자가 박혀 있는 모형.

10 세슘 133원자의 에너지 상태 전환 시 방출되는 마이크로파 주기를 1초로 하는 가장 정밀한 시계.

세로 열쇠

1 특수상대성이론과 일반상대성이론을 발표한 20세기 최고의 천재 이론물리학자.

3 최초의 축전기.

4 현대 문명의 기초인 전자공업의 바탕이 된 1,000종 이상의 특허를 가진 발명품과 백열전구를 개발한 미국의 발명가.

6 사람이 들을 수 있는 20Hz~2000Hz를 벗어난 구간.

7 전자기 상호작용, 약한상호작용, 강한상호작용에 대한 기술과 이것을 기본으로 기본입자를 구별하는 입자물리학의 이론.

9 원심력과 우라늄 238과 우라늄 235 사이의 밀도차를 이용해 만드는 농축우라늄 제조법.

31

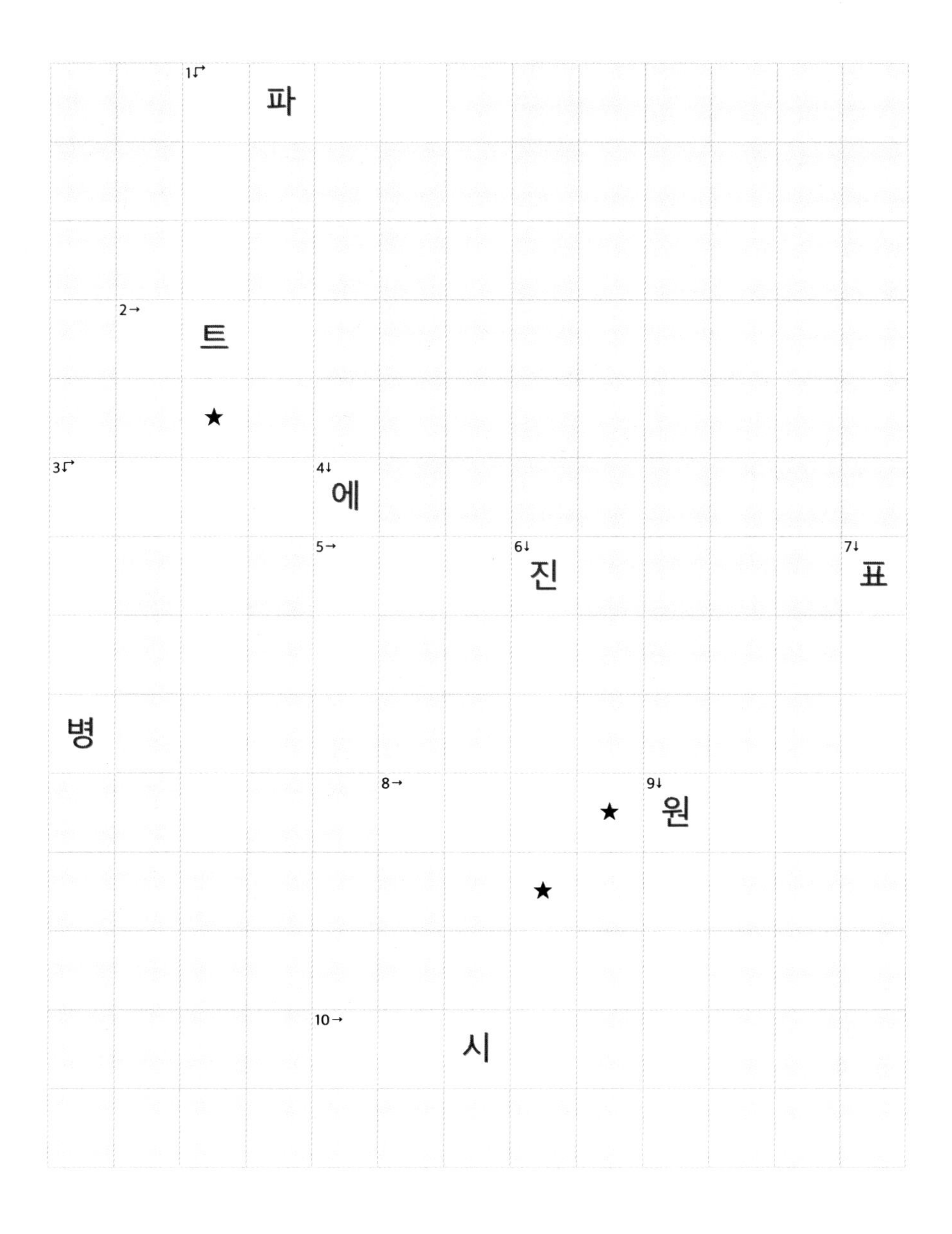

답 119P

가로 열쇠

2 질량, 전하량, 회전이 가장 일반적인 블랙홀이며 기본 요소를 모두 갖고 있는 블랙홀.

5 1833년 전기분해 법칙, 1831년 전자기유도 법칙을 발견한 영국의 물리학자.

6 원소기호 U, 원자번호 92번 원소.

7 농축우라늄과 플루토늄을 이용해 핵분열의 연쇄반응을 일으켜 엄청난 에너지를 한 순간에 방출시키는 폭탄.

9 푸에르토리코 산골짜기에 설치되어 있는 지름이 305m인 가장 큰 전파망원경.

10 1647년 물은 모든 방향으로 같은 압력을 가한다는 원리를 알아낸 프랑스의 과학자.

12 파동의 골짜기와 골짜기 사이의 거리.

13 영국의 물리학자로 도체와 부도체가 물질의 특성임을 발견한 전자기학 연구의 선구자.

세로 열쇠

1 미국 천문학자 에드윈 허블의 이름을 따 명명한 천체망원경. 1990년 미항공우주국이 지구 궤도에 올려 지구 궤도를 돌며 관측하고 있다.

3 힘 측정 단위.

4 하나 이상의 스트레인지 쿼크(s)와 업 쿼크(u), 다운 쿼크(d)로만 구성되어 있는 중입자.

8 탄성력을 가진 물체의 진동이 시간적 공간적으로 퍼져 나가는 것.

9 진공상태에서는 운동이 불가능하다는 아리스토텔레스의 주장에, 진공상태에서는 아무것도 운동을 방해하지 않기 때문에 운동이 영원히 계속될 것이라는 매질의 역할에 대한 자신의 견해를 밝힌 12세기 스페인의 철학자.

11 1980년 '코스모스'라는 과학다큐멘터리를 통해 과학과 천문학의 대중화에 큰 역할을 한 미국의 천문학자.

32

									1↓					
				2→	ㅡ	3↓		★	블					
			4↓						★					
5→		데							6→					
									7→			8↓ 탄		
			9↓→			보								
			벰									10→		11↓ 칼
			12→											★
												13→ 그		

답 119P

가로 열쇠

1 일반적으로 구리와 니켈을 포함한 합금과 같이 두 종류의 금속을 용접하여 만든 두 개의 도선을 이용한 전자 온도계.

3 전자기 현상과 상호작용 등 전기와 자기 현상 전반에 대해 연구하는 학문.

6 현재 발견된 기본 입자 중 질량이 가장 크고 양성자 질량의 약 170배이며 텅스텐 원자와 질량이 거의 같은 쿼크.

9 섭씨온도 －273.15℃에 해당하는 절대온도.

10 1885년 경험에 의해 얻은 실험식을 통해 눈에 보이는 수소 스펙트럼의 파장을 정확히 계산할 수 있는 공식을 찾아낸 스위스의 물리학자.

11 두 물질 중 물질의 굴절률이 작은 물질에서 높은 물질로 진행할 때에는 입사각이 클수록 굴절각도 커지며 굴절률이 높은 매질에서 굴절률이 작은 매질로 진행할 경우 입사각보다 굴절각이 더 크다는 빛의 굴절법칙.

세로 열쇠

1 두 물체의 온도가 같으면 두 물체 사이에 열의 흐름이 생기지 않는다는 법칙.

2 외부 전압에 의해 우리 몸에 전류가 흐르는 현상.

4 자성을 가진 물체.

5 물체가 가지고 있는 전하량을 측정하기 위해 사용하는 장치.

7 우리 우주가 거대한 폭발로 시작되었다는 우주론에서 시작점을 가리키는 용어.

8 진공관 실험을 통해 음극선관을 만들었으며 1861년 스펙트럼 분석으로 탈륨을 발견하고 그 원자량을 측정한 영국의 화학자이자 물리학자.

33

									1↓→ 열		
						2↓					
						3→ 전	4↓				
		5↓							★		
6→	7↓	기		8↓			9→		0		
	10→			11→ 스			★				

답 120P

가로 열쇠

2 단위 넓이에 수직으로 작용하는 힘의 크기.

3 가까운 지표면과 먼 지표면의 더운 공기와 찬 공기의 밀도차로 인해 생기는 굴절 현상으로 하늘의 상이 반대로 비춰져 땅에 연못이 있는 것처럼 보이는 광학 현상.

4 +극에 수산화니켈, −극에 철분을 사용해 만들었으며 전압은 약 1.2V인 알칼리 축전지.

5 바람의 힘을 이용하여 전기를 생산하는 에너지.

7 줄(J)로 나타내는, 일을 할 수 있는 능력.

9 빛의 파동적인 성질은 고려하지 않으며 거울이나 렌즈에서 어떻게 상을 만드는지를 연구하는 학문.

11 기체와 액체 등 유체의 운동을 다루는 물리학의 한 분야.

세로 열쇠

1 자동차 리프트나 대형 기중기 등에 쓰이는 장치로 유체의 압력이 면적이 넓은 피스톤에 전달되어 원래 힘보다 더 큰 힘으로 실린더를 움직일 수 있게 고안된 승강기.

3 풍력, 태양열, 지열 등과 같이 재생 가능한 에너지와 화석연료를 재활용해서 쓰는 에너지를 합쳐서 부르는 용어.

6 에너지가 여러 가지 주기로 나뉘어져 전파되는 것,

7 에너지가 전환되는 과정에서 손실되는 에너지의 양이 어느 정도인지를 나타내는 것.

8 일률이라고도 하며 단위시간 동안에 이루어지는 일의 양을 뜻한다.

10 굴절률이 서로 다른 유리가 바깥 면과 중심부에 있으며 중심부의 유리를 통과하는 빛이 전반사가 일어나도록 한 광학적 섬유.

34

					1↓						
					2→						
				3↱	기						
				4→ 에							
5→	력	6↓									
7↱				★	SI	8↓					
효						9→ 기		10↓			
								11→ 유			

답 120P

가로 열쇠

2 가시 영역의 장파장 끝에서 2500nm까지의 영역인 적외 영역까지의 물질에 의한 흡수를 지칭하는 용어.

3 힘은 물체를 끌어당기거나 미는 외부적인 작용이라고 주장한 르네상스 시대의 천재 화가이자 과학자.

5 광원에서 나온 빛이 곧게 나아가는 현상.

7 모스에 의하여 발명된 전신부호.

9 암스트롱이 처음 사용했으며 반송파의 성질이 변화하는 것을 이용해 전파에 정보를 싣는 방법 중 하나. FM이라고도 하며 AM에 비해 선명한 음질을 송신할 수 있는 것이 특징이다.

10 자기적인 성질을 가진 물질.

11 기하학, 물리학, 천문학, 지질학 등에서 특정 위치에서 중력의 방향에 수직인 면을 지칭하는 용어.

세로 열쇠

1 1970년대 미국 콜로라도 볼더에 위치한 국립표준연구소에서 직접적인 방법으로 적외선 레이저 파장과 동시에 측정에 성공했으며 이 결과를 통해 빛의 속도를 측정하는 데 큰 도움을 주었다.

4 태양자기장을 설명하기 위해 라모가 처음 제안한 이론을 기초로 지구자기장을 설명한 이론. 지구 내부에 있는 이온성 액체의 대류와 지구 자전이 전류를 생성시키고 이 전류에 의해 자기장이 생성된다는 이론이다.

6 반송파의 성질이 변화하는 것을 이용해 전파에 정보를 싣는 방법 중 하나로 송신과 수신이 간단하며 맨 처음 발명된 방법으로 AM이라고도 한다.

8 압력의 변화에 따라 변하는 부피의 비율.

35

	1↓										
2→		흡									
	★										
	3→				도	★	4↓				
5→ 빛		★		6↓			7→ 모		8↓		
	★										
	9→ 진										
								10→	성		
	11→										

답 120P

가로 열쇠

3 소리의 상대적인 크기를 나타내는 단위.

4 물의 수면이 진동하여 퍼지는 형태의 파동을 지칭하는 용어.

5 1908년 처음으로 헬륨의 액화에 성공하여 절대온도 0K에 가까운 −269℃의 극저온을 얻었고 1911년 수은을 이용하여 저항이 없는 물질을 만들 수 있다는 것을 증명해 1913년 노벨 물리학상을 받은 네덜란드의 물리학자.

6 유체 역학 중에서 액체가 아닌 압축된 기체의 성질을 연구하는 분야.

7 해왕성의 크기와 위치를 예언하고 태양계의 기원에 대한 성운설星雲說을 완성시켰으며 대표작인 《천체역학》을 통해 뉴턴 이래의 천체역학을 집대성한 프랑스의 수학자이자 물리학자.

10 실용에 맞게 쓰는 단위로 일상수치가 너무 크거나 작지 않아 적당한 단위.

12 1780년 금속에 닿은 개구리 다리가 경련을 일으키는 현상을 통해 생물전기의 존재를 발견하고 볼타 전지 발명의 기초를 이루게 된 실험.

세로 열쇠

1 섭씨온도를 발명한 천문학 연구에 일생을 바친 스위스의 천문학자.

2 물리학의 한 분야로 행성, 별, 은하와 같은 천체들 사이의 상호작용과 우주의 기원을 연구하는 우주론 등을 연구한다.

5 태양 표면에서 발생하여 우주로 방출된 양의 대전 입자들이 지구의 밴앨런대를 교란시켜 밴앨런대의 입자 일부가 지구 대기 안으로 들어와 기체와 상호작용하여 빛을 방출하는 현상.

8 미적분법의 창시로 미분과 적분의 기호 등 해석학 발달에 많은 공헌을 했으며 역학力學에서는 '활력'의 개념을 도입한 독일의 철학자 · 수학자 · 자연과학자.

9 양자역학에서 실험 대상의 파동성과 입자성을 구분하는 실험.

11 여러 개가 연결되어 고분자를 형성하는 작은 분자들을 뜻한다.

36

		1↓								2↓		
	3→		벨									
										4→ 물		
5↱		스										
							6→	체				
7→ 라		8↓				9↓						
						10→	용	11↓				
12→			의	★								

➡ 가로 열쇠

1 질량수가 2인 수소의 동위원소.

5 2개 이상의 파동이 중첩하여 만드는 밝고 어두운 띠로 된 무늬.

7 물질의 특성을 나타내는 물질상수와 우주의 어느 공간에서도 같은 값을 갖는 보편상수를 말하며 시간에 따라 값이 변하지 않는 물리량.

10 인공적으로 발생시킨 전파를 지구 외의 물체에 발사하고, 산란 또는 반사된 전파를 연구하는 천문학.

11 태양을 중심으로 도는 태양계의 행성들과 같이 원자 속의 전자들이 원자핵 주위를 돌고 있다는 모형.

12 양자 역학의 이론으로 방사성 원자핵의 α입자 방출과 알파 붕괴를 설명한 러시아 출신의 미국 물리학자.

⬇ 세로 열쇠

1 만유인력상수 혹은 뉴턴 상수로도 불리며 질량을 가진 두 물체 사이에 작용하는 힘과 관련된 상수.

2 두 개의 파동이 만나 진폭이 0이 되는 것.

3 세포 사이의 물리적 상호작용을 연구하는 분야.

4 가위, 집게, 장도리, 원터치 캔, 손톱깎이 등의 받침점이 힘점과 작용점 사이에 있는 지레.

6 중력이 물체를 끌어당기는 힘의 크기.

8 양자역학에서 서로 배타적 개념인 입자성과 파동성이 상호보완적으로 작용한다는 보어의 원리.

9 전 세계의 과학박물관에서 사람들이 가장 흥미 있어 하는 전기 실험 중 하나인 정전 발전기를 만든 미국의 발명가.

37

								1↱ 중		2↓				
					3↓									
4↓ 1										5→	섭	6↓		
					7→ 물		8↓							
		9↓												
10→		더												
							11→ 원			★				
12→														

답 121P

가로 열쇠

4 입력과 출력의 비율.

5 수학을 이용해 물리적 현상을 연구하는 물리학 분야.

8 표준 모델을 대체하기 위해 제안된 이론으로 10차원 이상의 공간을 필요로 하며 모든 입자가 끈이나 작은 고리로 이루어졌다는 이론.

9 무지개색처럼 색이 연속적으로 나타나는 모양을 하고 있는 스펙트럼.

11 두 개 이상의 전지의 같은 극을 모아 연결하는 방식으로 전지의 개수가 늘어도 밝기에는 큰 변화가 없지만 전지의 수명은 전지의 개수만큼 늘어나는 연결방식.

세로 열쇠

1 절대 0도에는 도달할 수 없다는 열역학 법칙 중 하나.

2 물질의 종류에 따라 달라지는 가해진 힘과 물체의 변형 사이의 관계를 나타내는 상수.

3 저서 《자석에 대하여》에서 지구 자체가 하나의 자석임을 발견하고 자침이 남북으로 향하는 이유를 밝힌 영국의 물리학자.

6 최초의 축전기.

7 2개 이상 전지의 (+)와 (−)를 연달아 연결하는 방법으로 전지의 수가 늘어날수록 더 밝아지는 연결방식.

10 크기만 있는 물리량.

38

											1↓			2↓
								3↓			4→		능	
							5→				학			
								엄			★			
								★						
	6↓			7↓										
8→	이													
				9→		10↓ 스								
	11→			결										

답 121P

가로 열쇠

1 쿼크 또는 쿼크로 이루어진 입자 사이에 작용하는 힘으로 도달 거리가 짧다.

3 미국에서 주로 사용하는 에너지의 단위.

7 공기의 운동을 다루는 유체 역학의 한 분야.

8 에너지는 형태가 변할 뿐 에너지의 총량은 일정하게 유지된다는 원리.

9 물체의 진동에 의해 발생하는 에너지를 지칭하는 용어.

세로 열쇠

1 철과 작은 양의 탄소 합금.

2 일정한 압력과 온도에서 균일하게 섞이는 용해 과정에서 생기는 엔탈피enthalpy의 변화량.

3 열역학 법칙에 의해 허용되지 않는 기관.

4 한 물체에서 다른 물체로 에너지가 이동되어 한 물체의 에너지가 줄면 다른 물체의 에너지는 늘어나 전체적인 에너지의 양은 변하지 않는 것.

5 원자와 분자 사이의 화학 작용에 관여하는 물리적 원인을 분석하는 학문 분야.

6 성층권에서 높이 25~30km 사이에 해당하는 부분으로 많은 양의 오존이 존재하고 있다.

8 투입된 에너지 중에서 유용한 에너지로 바뀐 에너지의 비율.

39

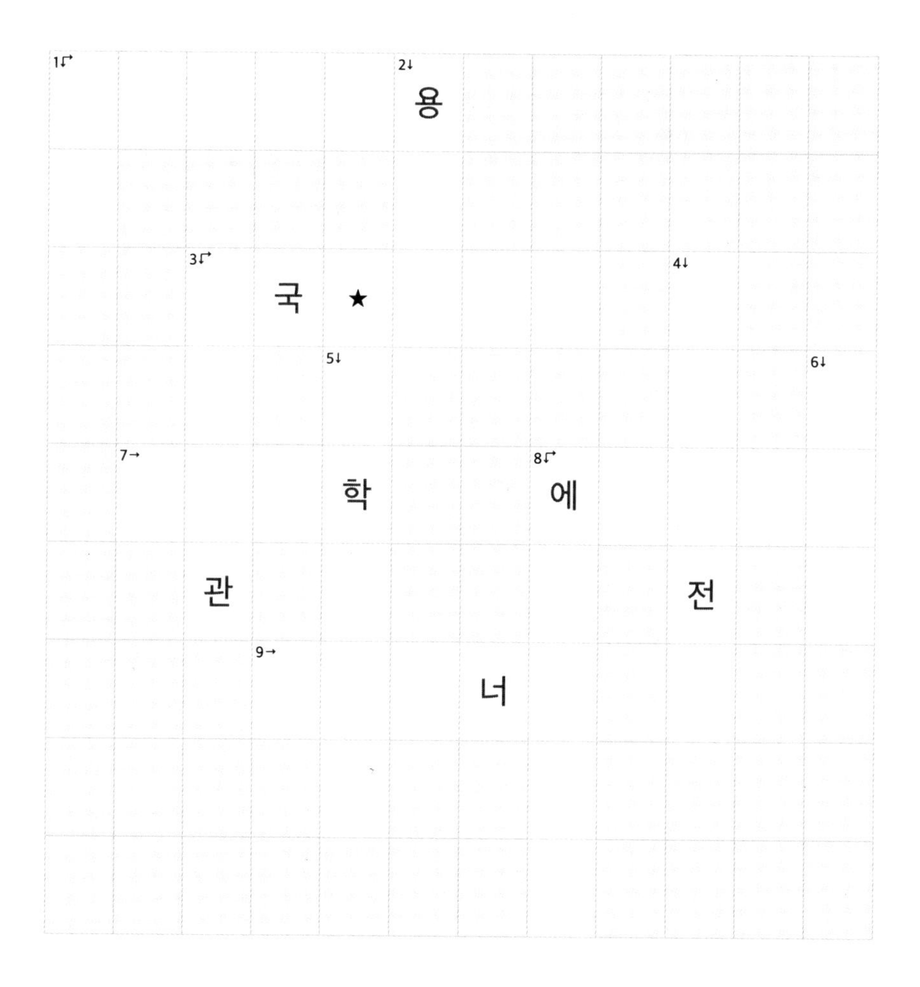

답 121P

가로 열쇠

1 10의 9승 Hz.

2 어느 물체의 전하를 그 물체의 질량으로 나눈 값.

5 진동수가 다른 두 음이 섞였을 때 발생하는 음.

6 바람, 물, 태양 에너지의 근원이 되는 에너지를 지칭하는 용어.

7 관성 질량과 중력 질량이 같다는 아인슈타인의 일반상대성이론의 중심 원리.

10 단위 넓이에 수직으로 작용하는 힘의 크기.

세로 열쇠

1 빛의 파동적인 성질은 고려하지 않으며 거울이나 렌즈에서 어떻게 상을 만드는지를 연구하는 학문.

2 물체는 수직한 방향뿐만이 아니라 파동과 같은 형태로 뒤틀리기도 한다는 것을 지칭하는 용어.

3 빛의 2중 반사로 무지개 색깔의 순서가 반대로 된 무지개.

4 모든 주기적인 파동은 특정한 진동수와 정수배 진동수를 가지고 있는 두 개의 파동을 이용해 만들 수 있다는 정리.

8 어떤 물리계가 온도 변화 없이 변화하는 등온과정 중에 부피가 줄어드는 경우를 말한다.

9 태양계의 행성궤도 상에서 태양과 가장 멀리 있는 점.

40

		1↱	가					
2↱ 비							3↓ 2	
					4↓		5→	
★			6→		에			
7→	8↓ 등		★	9↓				
	10→			점				

답 121P

가로 열쇠

1 핵분열, 핵융합과 같이 원자핵이 다른 원자핵이나 입자와 충돌하여 열과 에너지를 방출하고 새로운 원자핵으로 변화하는 현상.

2 다양한 파동을 합쳐 원하는 형태의 파동을 만들어내는 전자 기기.

6 원자가 전자를 얻어서 (−) 전하를 띠는 입자.

7 기체의 성질을 기체 분자의 속력이나 운동에너지와 같은 역학적 운동과 연계시켜 설명하려는 이론.

9 물체 안의 어떤 면에 크기가 같고 방향이 서로 반대가 되도록 면을 따라 평행되게 작용하는 힘.

10 전원으로부터 전기에너지를 공급받아 일을 하는 것을 지칭하는 용어.

세로 열쇠

1 핵반응의 하나로 원자핵이 합쳐지는 반응을 지칭하는 용어.

3 투명한 액체 넣은 원통형 상자에 비등점 이상으로 과가열하여 상자를 통과하는 하전입자의 자취를 측정하는 입자검출 장치.

4 하나 이상의 스트레인지 쿼크(s)와 업 쿼크(u), 다운 쿼크(d)로만 구성되어 있는 중입자를 지칭하는 용어.

5 물, 바람, 지열, 불 등을 이용한 다양한 역학적 에너지를 전기에너지로 전환하는 장치.

8 쿼크가 가지고 있는 전하를 지칭하는 용어.

41

	1↱ 핵						
	2→		3↓			4↓	
5↓					6→	이	
			상				
7→ 기		8↓					
		9→ 전					
	10→						

답 122P

가로 열쇠

2 세 개의 통화를 하나로 묶어 전송하는 휴대 전화의 통신 방법.

5 오스트리아의 물리학자 슈뢰딩거가 관측자에 의해 입자와 파동이 결정된다는 양자역학의 원리를 설명하기 위해 만든 사고실험.

7 물체를 마찰했을 때 수지에 생기는 전기로 전기에 대한 이해가 부족하던 시절에 음전하를 표현하던 용어.

9 물체가 외부와의 에너지 교류 없이 원래의 상태로 되돌아가는 현상.

10 들뜬상태의 원자나 분자에 광자가 충돌하여 같은 진동수와 위상을 가진 광자를 방출하는 것.

세로 열쇠

1 시간에 따라 속도가 변하는 정도를 나타내는 물리량,

2 열역학 제2법칙에서 엔트로피가 증가하거나 같은 값으로 유지되는 방향이 시간이 흐르는 방향이 되는데 이 시간의 방향성을 지칭하는 용어.

3 두 물체 사이의 중력의 크기를 결정하는 상수.

4 특정한 조건에서 입자의 상태를 나타내는 파동 함수를 구할 수 있는 방정식으로 양자 역학의 중심이 되는 방정식.

6 양자론의 기초를 이루는 물리학 이론 체계. 불연속적인 물리량을 파동함수로 다루고 그 결과를 확률적으로 해석하는 물리학이다.

8 교류 전기 회로에서 전류의 크기가 특정 진동수에서 극대화되는 현상.

10 물체를 마찰했을 때 유리에 생기는 전기로 전기에 대한 이해 부족이던 시절에 양전하를 표현하던 용어.

42

												1↓		
					2↱			할	★		3↓			
		4↓												
	5→	뢰				★		6↓						
					★						7→		8↓ 전	
							9→	역						
		★			살									
10↱	도													

답 122P

➡ 가로 열쇠

2 종류가 다른 두 물질의 마찰 또는 압력에 의한 접촉으로 양의 전하로 대전되기 쉬운 물질 순서로 나열한 것.

3 사람의 몸에 전기가 흘러 충격이나 상처를 입는 일.

4 미국의 과학자 깁스[J. W. Gibbs, 1839~1903]가 19세기 후반에 고안한 개념으로 \mu로 표기하며 열역학적 계 내부에 입자 하나가 추가될 때 그 계의 자유에너지가 변화하는 양을 의미하는 용어.

6 물체에 미치는 중력을 질량으로 나눈 값(g=9.8N/kg).

7 쿼크 하나와 반쿼크 하나로 이루어진 입자.

8 1V의 전압을 걸었을 때 1A의 전류가 흐르는 도체의 전기전도율 단위.

9 고유 진동수를 특정 진동수로 맞출 수 있도록 고안된 회로.

⬇ 세로 열쇠

1 1세대(1G)는 아날로그 음성전화, 2세대(2G)는 여러 사용자가 동시 사용 가능한 디지털 신호, 3세대(3G)는 질 좋은 영상 정보를 주고받을 수 있는 휴대전화이며, 4세대(4G)는 매우 빠른 네트워크를 지칭하는 용어.

5 중력장에 저장된 에너지.

6 태양에서 방출되는 중성미자가 이론적인 값보다 적은 것을 설명하기 위해 제안된 것으로 중성미자가 시간의 흐름에 따라 변하는 현상.

7 같은 지점을 통과하는 두 개 이상의 파동이 합쳐지는 것을 지칭하는 용어.

43

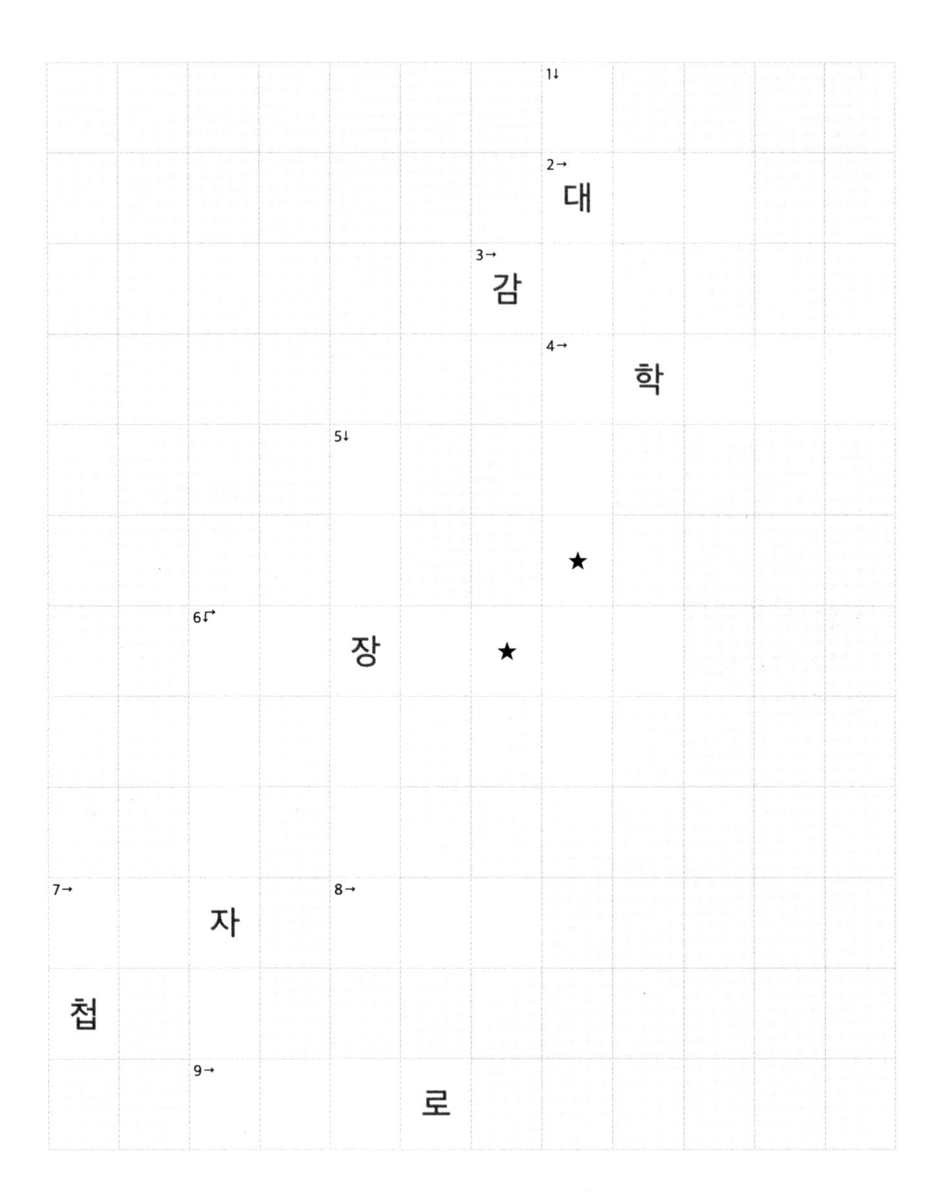

답 122P

가로 열쇠

1 폐회로와는 달리 열려 있는 회로.

3 레이더를 피할 수 있는 비행기.

4 전기장과 자기장을 통합하여 빛이 전자기적 현상임을 밝힌 전기장과 자기장의 성질을 나타내는 4개의 기본 방정식.

6 광물 결정에 엑스선을 통과시켜 얻는 규칙적인 모양의 회절 무늬.

10 지구 자기장의 수직 성분을 측정하는 나침반.

11 외부에서 주어진 빛을 완전히 흡수했다가 재방출하는 물체가 방출하는 전자기복사.

세로 열쇠

1 태양과 지구 사이에 달이 들어와 일직선을 이루어 태양을 완전히 가리는 현상.

2 빛이 좁은 슬릿을 지나가거나 작은 물체가 그림자를 만들 때 빛에 의해 만들어진 밝은 점 주위에 생기는 희미한 무늬를 지칭하는 용어.

5 크기만 있는 물리량.

7 우라늄-238의 알파붕괴alpha decay로 시작하는 질량수가 4n+2인 원소들의 연쇄적인 붕괴 과정.

8 연철로 만든 철심.

9 빛을 잘 통과시키는 물질을 지칭하는 용어.

10 고온의 물체가 내는 전자기파를 저온의 물체가 흡수하여 에너지를 전달하는 방법.

44

								1↓→		2↓ 회	
			3→					기			
			4→	5↓	웰						
				6→ 라	7↓		8↓ 무				
	9↓										
			10↓→		계						
11→	체										

답 122P

가로 열쇠

1 원자를 이루고 있는 전자의 상태를 나타내는 양자수 가운데 하나로, 방위 양자수와 함께 전자의 각운동량을 나타내는 정수.

5 물체가 곡선을 따라 운동할 때 쓸고 지나가는 면적의 변화율.

7 두 물체 사이에 작용하는 마찰력에 대해 수직으로 작용하는 값으로 나눈 값.

9 수직으로 된 유리나 플라스틱 관에 들어 있는 수은의 높이로 압력을 측정하는 장치.

10 위치를 정할 때 기준이 되는 점과 축.

세로 열쇠

1 진동하는 물체가 가지고 있는 고유한 진동수.

2 1886년 독일의 과학자 골드슈타인 E. Goldstein이 실험 중이던 크룩스관에서 처음으로 관측된 양이온들의 흐름.

3 기하학, 물리학, 천문학, 지질학 등에서 특정 위치에서 중력의 방향에 수직인 면을 지칭하는 용어.

4 고정 도르래와 움직 도르래를 함께 연결한 도르래.

6 같은 전력 공급원에 연결되어 있는 모든 전기 기구들이 사용하는 전기 에너지의 총량을 측정하는 도구.

7 회로에 한 방향으로 전류가 흐르게 하는 소자.

8 어떤 물체의 속도와 소리 속도의 비.

45

					1↱		2↓ 양		3↓			4↓
					연							
									5→ 면	6↓		
7↱		8↓ 마										래
류												
		9→		압				10→		계		

답 123P

가로 열쇠

1 빛보다 빠르게 운동하는 성질을 가진다는 가상 입자.

5 광자의 매개로 이루어지는 상호작용을 뜻하는 용어.

6 파동을 전달하는 매질에 따라 달라지며 원자 분자 사이의 결합력이 강하면 강할수록 질량이 작으면 작을수록 빨라지는 것.

7 자연을 구성하는 기본 입자 중 하나인 보존boson이 가지는 스핀 수.

9 1790년 프랑스의 C.탈레랑의 제안으로 만들어진 것으로 지구자오선 길이의 1/4000만을 1m, 각 모서리의 길이가 1/10m인 정육면체와 같은 부피의 4℃ 물의 질량을 1kg, 그 부피를 1 l 로 한 십진법의 국제적인 도량형 단위계.

10 제1, 2차 세계대전 동안 폭탄을 투하하거나 경계 등 주로 군사적 목적으로 사용되었던 비행선을 최초로 만든(1852년) 프랑스의 발명가.

11 두 개의 쿼크로 이루어진 u쿼크와 d쿼크, s쿼크와 c쿼크, t쿼크와 b쿼크를 각 특징별로 나누어 부르는 용어.

세로 열쇠

2 1800년대 중반 물질이 어떻게 빛을 방출하고 흡수하는지를 설명하는 세 가지 법칙을 주장한 물리학자.

3 슬렙톤slepton 스쿼크squark, 글루이노gluino, 포티노photino라고 부르는 표준 모델의 입자들보다 훨씬 더 무거운 것으로 추정되는 아직은 밝혀지지 않는 입자.

4 행성들이 태양을 초점으로 타원운동을 할 때 동일한 시간 간격 동안 타원궤도 면에서 초점을 중심으로 행성이 쓸고 간 면적은 언제나 일정하다는 케플러 제2법칙.

8 입자들이 여느 입자들과는 매우 다른 방식으로 붕괴하여 이름 붙여진 2세대 쿼크 중 하나.

9 직경이 마이크로미터로 측정되는 고체입자를 지칭하는 용어.

46

							1→	2↓	온	
	3↓ 초									
					4↓					
			5→			★		호		
	★									
6→			★		도					
					7→		8↓ 스			
			9↱							
			립							
							10→			
						11→ 쿼				

답 123P

가로 열쇠

2 중수소와 삼중 수소의 혼합물에 레이저를 이용하여 압력을 가해 핵융합반응이 일어나도록 하는 것.

3 공기 속을 운행하는 물체에게 가해지는 저항.

5 kg과 m 그리고 초(s)를 기초로 한 국제적 공인단위체계.

7 교류가 흐르고 있는 전기 회로.

9 전하의 흐름.

세로 열쇠

1 단위 길이 당 질량을 지칭하는 용어.

2 등속도로 달리고 있는 기준계.

4 벡터라고도 하며 위치의 변화량을 의미하는 용어.

5 충분히 멀리 떨어진 두 물체는 곧바로 상호작용하지 않는다는 원리.

6 시간에 따라 흐르는 방향과 크기가 사인 또는 코사인의 형태로 변하는 전기의 흐름.

8 회전하는 물체가 그 상태를 유지하려고 하는 에너지의 크기.

9 양전하를 가진 양성자와 함께 원자핵을 둘러싸고 있는 확률적 형태를 지칭하는 용어로 중성자로 구성되어 음전하를 가지고 있다.

47

							1↓		
					2↓→			폐	
				3→ 공			★		
			4↓						
5↓→		6↓			계				
소									
		7→ 교		8↓					
	9↓→								
	구			성					

답 123P

가로 열쇠

1 지구 궤도를 돌고 있는 24개의 위성이 내보내는 신호를 받아 자신의 위치를 알아내는 장치.

3 진동수가 3Mhz에서 30Mhz 사이에 있는 전자기파.

4 초전도체를 이용하여 강한 자기장을 만들며 신체의 단층촬영을 위한 첨단의료기계로도 쓰인다.

6 진동수가 30~300Mhz 사이에 있는 전파.

7 도플러 효과를 이용해 강수의 위치와 속도를 측정하여 정확한 일기 예보에 사용할 수 있도록 만든 차세대 기상 레이더.

8 중력이 거리에 따라 변하는 것과 같이 전하 사이의 전기력도 거리에 따라 변할 것이라고 제안한 영국의 과학자.

10 태양을 중심으로 지구가 돌고 있다는 지동설을 주장한 폴란드의 천문학자.

11 스위스의 거대 하드론 충돌 가속기 LHC와 함께 미국 시카고 근처 페르미 연구소에 있는 세계에서 가장 큰 에너지의 입자 가속기 이름.

세로 열쇠

1 회로로 드나드는 전류의 세기를 측정하여 고장이나 사고로 인한 접지를 확인하는 장치.

2 진동수가 3~30Ghz 사이에 있는 전자기파.

4 진동수가 300kHz에서 3Mhz 사이에 있는 전자기파.

5 평화적인 목적의 핵융합으로 전기를 생산하기 위한 국제적인 사업.

6 미국 뉴멕시코주에 위치한 대형 전파 망원경 체계로 27개의 전파망원경이 20km의 거리를 두고 배치되어 있으며 1981년에 완공되었다.

9 1608년 10월 8일에 볼록 렌즈와 오목 렌즈의 설계도를 그려 특허를 신청했으나 거절당한 네덜란드의 안경 제작자로 그의 설계도는 후에 갈릴레이가 망원경을 만들 수 있는 바탕이 된다.

48

									1↱ G		2↓	
											3→ H	
							4↱ M					
		5↓			6↱ V							
	7→	E										
		8→				9↓ 리						
				10→	페							
11→			론									

가로 열쇠

3 2006년 8월 24일 국제천문연맹에서 내놓은 새로운 기준에 의해서 행성으로 보았던 명왕성과 최초의 소행성인 세레스를 새롭게 명명한 별의 분류법.

4 제2차 세계대전 당시 원자폭탄을 제조한 로스앨러모스 연구소의 소장을 지내며 원자폭탄을 완성하는 데 큰 역할을 했던 미국의 이론물리학자.

5 바비네와 함께 빛이 분수에서 휘어진 물줄기를 따라 진행하는 것을 발견한 스위스의 물리학자.

6 상당히 뚜렷한 표면을 갖고 있는 원자핵의 구조와 원자핵 안에 있는 양성자, 중성자 등의 밀도가 어느 핵에서도 거의 일정하다는 성질이 물방울의 성질과 닮은 것에 착안하여 다양한 현상을 설명하려고 했던 보어의 원자핵 집단 모형.

8 수소 원자가 내는 스펙트럼의 파장을 계산하는 데 사용되는 식을 만든 스웨덴의 물리학자

9 열역학에서 물체가 어떤 변화를 일으켰다가 원래의 상태로 되돌아올 때까지의 과정을 지칭하는 용어.

10 공기 등 기체 형태의 유체를 가열하여 반복적으로 압축과 팽창을 시키면서 기계적인 일을 하는 열기관의 한 종류.

12 디지털 신호를 만들 때 좁은 펄스는 0을 나타내고 넓은 펄스는 1을 나타내어 2진법 숫자들을 송신기로 보낼 전압 신호로 전환하는 방법.

세로 열쇠

1 1939년 독일계 미국 물리학자 베테 Hans Bethe, 1906~2005가 처음 발표한 태양과 같은 별들에서 일어나는 주 반응을 지칭하는 용어.

2 소리속도의 2배에 해당하는 초음속.

4 북극 부근에 나타나는 오로라를 칭하는 용어.

7 단위시간 당 붕괴수로 나타내는 방사선의 세기를 지칭하는 용어.

11 반송파의 성질이 변화하는 것을 이용해 전파에 정보를 싣는 방법 중 하나로 송신과 수신이 간단하며 맨 처음 발명된 방법으로 AM이라고도 한다.

49

											1↓		
					2↓				3→				
			4↓→										
					2						ㅣ		
		5→	라										
			★								성		
			6→			★		7↓ 방					
8→ 뤼											★		
										9→ 순			
			10→				11↓ 진						
			12→ 펄										

가로 열쇠

2 증기 기관보다 열효율이 좋은 디젤 엔진을 설계하는 데 큰 도움을 주었던 이상 기관을 제시한 프랑스의 엔진모델.

5 외부와의 상호작용을 통하여 결맞음coherence현상을 잃어버리는 것.

6 얽힘 상태에 있는 두 광자나 원자 사이에서 일어나는 것으로 원자의 상태가 순간적으로 전송자로부터 수신자에게 전달되는 것.

7 전기적으로 중성이며 경입자족에 속하는 소립자.

8 시간에 따른 변화로 인해 전류의 유도기전력을 형성할 수 있도록 전자기유도 현상을 이용하여 만든 장치.

9 물체가 뒤틀리도록 가하는 힘.

세로 열쇠

1 길이 단위의 하나로 1×10^{-9}m를 가리킨다.

2 복잡하고 불규칙적이어서 미래에 대한 실질적인 예측이 불가능한 양상을 다루는 과학 이론.

3 어떤 한 원자에 속한 네 개의 lobes을 가지고 있는 원자 궤도가 다른 원자에 속한 같은 형태의 네 개의 lobes를 가지고 있는 원자 궤도와 겹친 궤도 상태를 형성하며 만들어지는 공유 결합의 하나.

4 전자기적 편광성이나 탄소 나노튜브, 양자 와이어, 보스-아인슈타인 응축Bose-Einstein condensation, 광자 메이저photon maser 등에 관계되는 미시 세계의 양자적 차원의 한 현상.

6 양자의 특성을 이용하여 만든 병렬 기기로 기존의 컴퓨터보다 엄청난 양의 데이터를 처리할 수 있는 신개념 컴퓨터.

7 3분의 1의 전하량을 가진 쿼크.

8 물체를 좌우로 잡아당길 때 발생하는 힘을 지칭하는 용어.

50

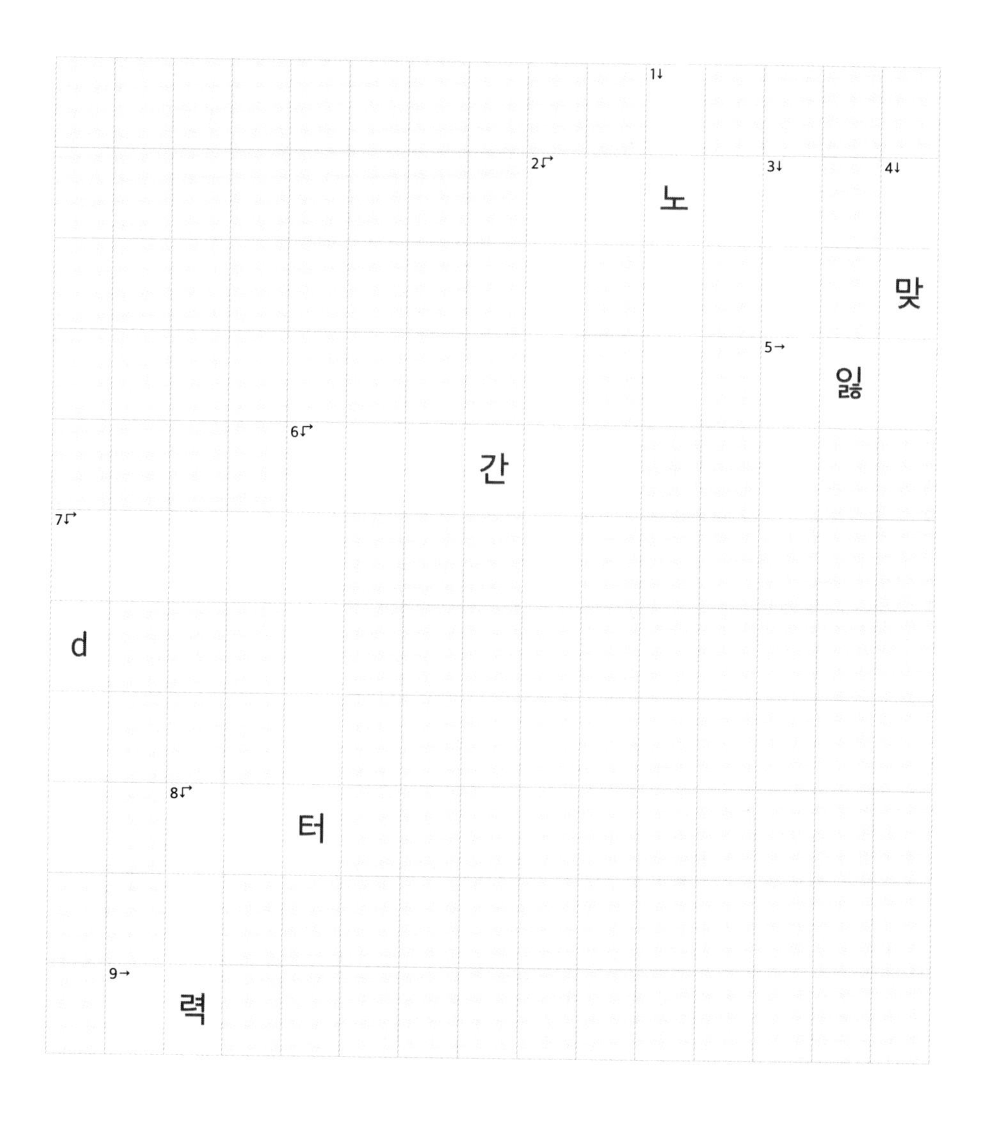

답 124P

PUZZLE
답

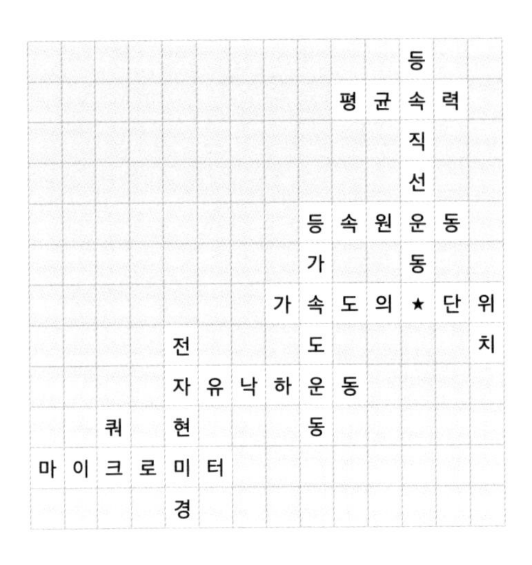

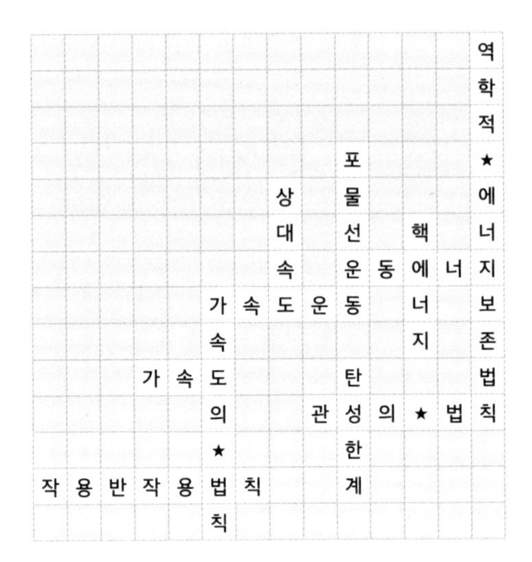

1 2
3 4

위								
치		초	음	파				
에		저		동	위	원	소	
너		주				심		
지	진	파		무	중	력	상	태
	공				성			
				전	자	기	파	
				기				
				력				
			이	상	기	체		
				수				

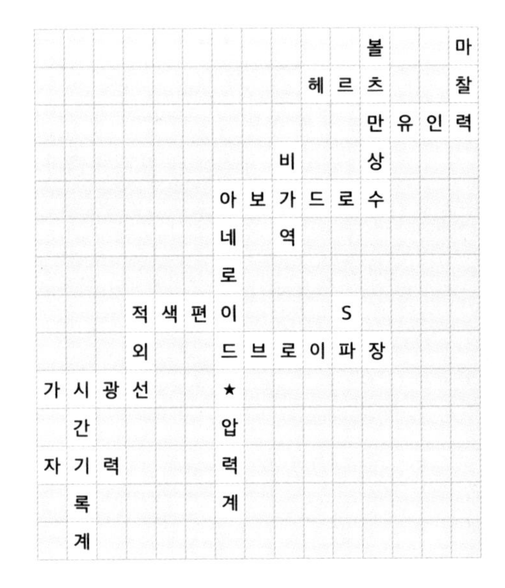

				정	전	기	유	도					옴	
						본		체			반		의	
						전					사		★	
					전	하	량	★	보	존	의	★	법	칙
						량					★		칙	
					열						법			
		아		열	역	학	★	제	1	법	칙			
		르			학									
		키			★									
		메			제									
		데			2									
		스			법									
쿨	롱	의	★	법	칙									
롱		★												
		원												
	밀	리	컨											

			빛		초			
			의		전	기	저	항
			★		도		항	
			반	도	체		력	
	정	반	사					
방	전							
	기	전	력					
		기						
		회						
엔	트	로	피					
			뢰					
			침					

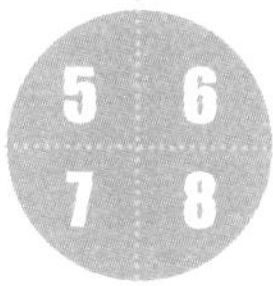

							광		
							섬		전
						자	유	전	자
								기	
				수		자	기	력	선
				은		기			스
				전	기	장			펙
망	간	건	전	지					트
			자		실				럼
		조	석	현	상				

		광	원			
			자	기	구	역
		밴			심	
		앨		부	력	
		런		도		
		대	전	체		
			열			
	감	마	선			
		찰				
교	류	전	류			
		기				

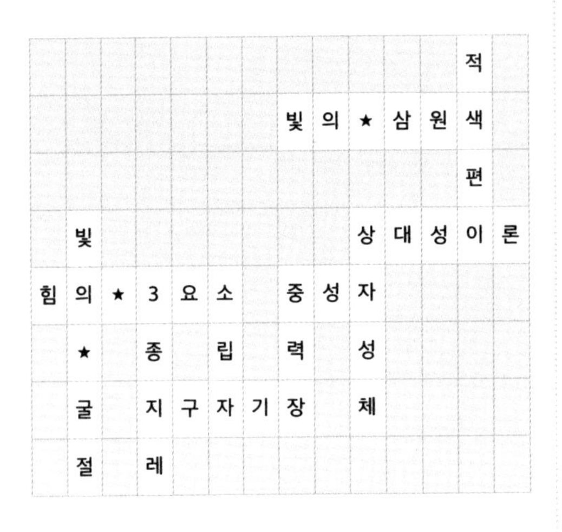

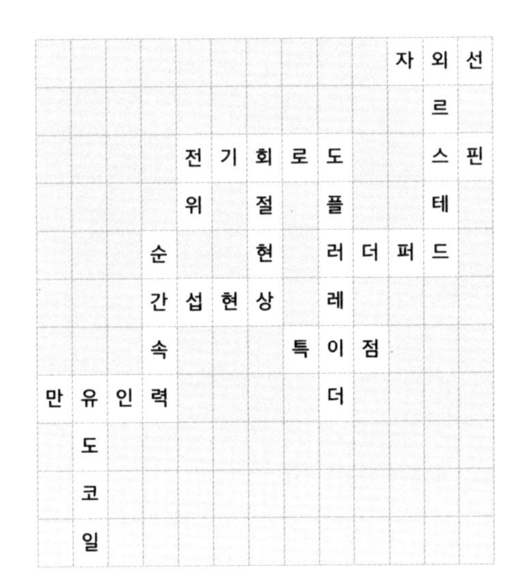

9 10
11 12

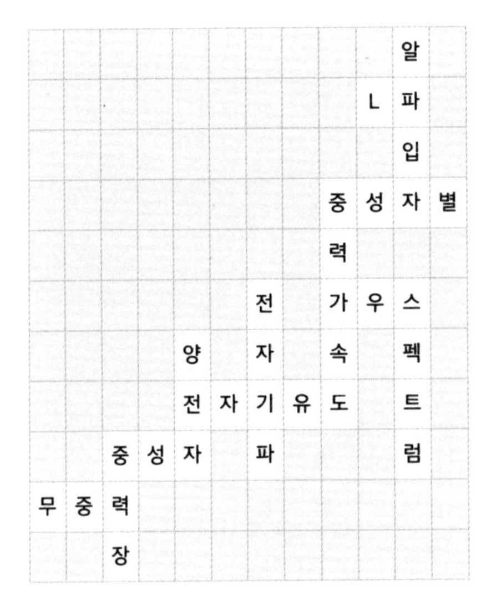

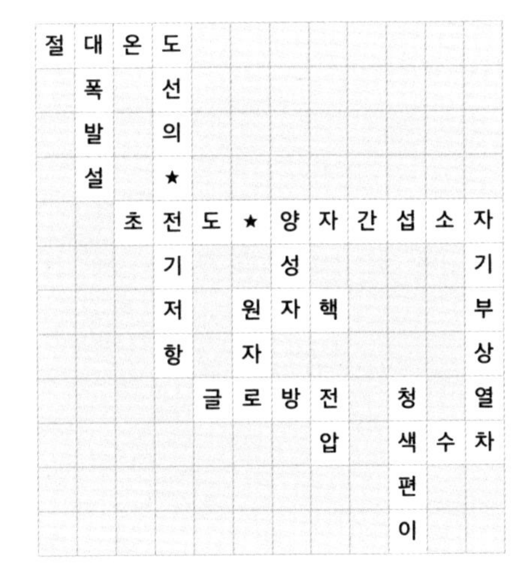

							온					
						오	실	로	스	코	프	
초							효		티		리	
전	자	터	널	링	★	효	과		븐		즘	
도									★			반
가	이	슬	러	관					호	킹	복	사
속				성					킹			망
기		전	류	계								원
		하										경

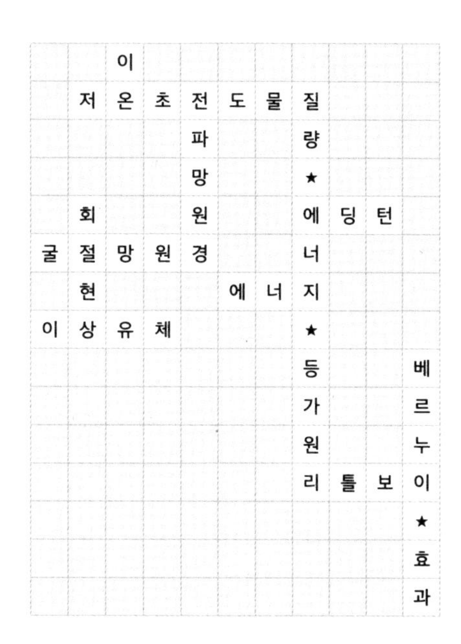

		이								
	저	온	초	전	도	물	질			
				파			량			
				망			★			
	회			원			에	딩	턴	
굴	절	망	원	경			너			
	현				에	너	지			
이	상	유	체				★			
							등			베
							가			르
							원			누
							리	틀	보	이
										★
										효
										과

13 14 15 16

						휠
			가	이	슬	러
			시			
			광	양	자	설
	X	ㅡ	선		기	
				전	력	량
				자		
	영	구	자	석		
		면				
물	질	파				
	량					

					마	르	코	니
					그			
					누			
				맥	스	웰		
					★			
					효			
도	플	러	★	효	과			
	라							
	스	텔	러	레	이	터		성
	마			이				능
				저	항	온	도	계
						도		수
						기		
						울		
					자	기	이	력

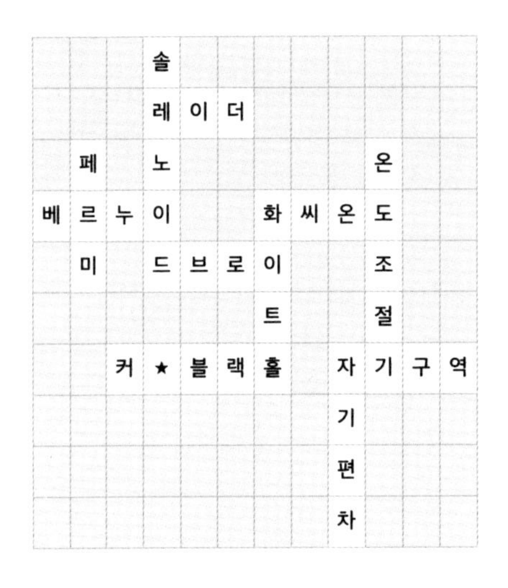

			솔								
			레	이	더						
	페		노						온		
베	르	누	이			화	씨	온	도		
	미		드	브	로	이			조		
						트			절		
		커	★	블	랙	홀		자	기	구	역
								기			
								편			
								차			

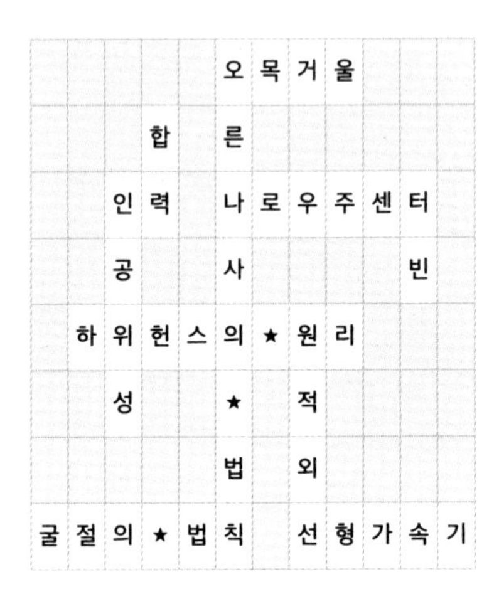

					오	목	거	울			
			합		른						
		인	력		나	로	우	주	센	터	
		공			사					빈	
	하	위	헌	스	의	★	원	리			
		성			★		적				
					법		외				
굴	절	의	★	법	칙		선	형	가	속	기

17 18
19 20

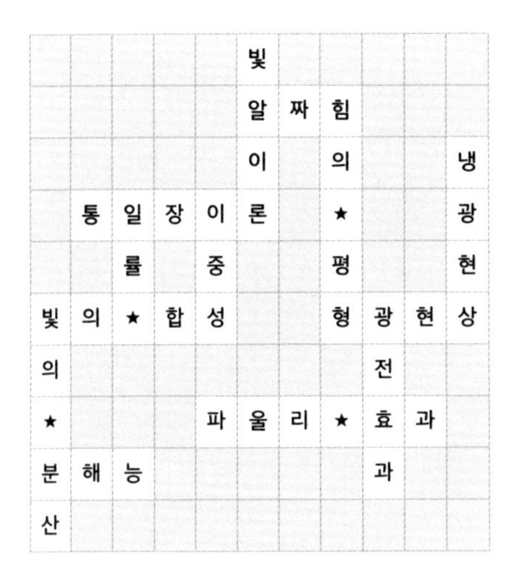

					빛					
					알	짜	힘			
					이		의			냉
	통	일	장	이	론		★			광
		률		중			평			현
빛	의	★	합	성			형	광	현	상
의								전		
★				파	울	리	★	효	과	
분	해	능						과		
산										

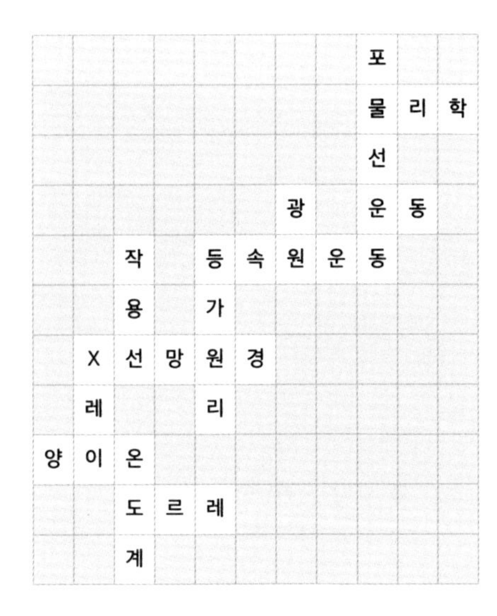

								포		
								물	리	학
								선		
						광		운	동	
		작		등	속	원	운	동		
		용		가						
	X	선	망	원	경					
	레			리						
양	이	온								
		도	르	레						
		계								

21 22 23 24

21

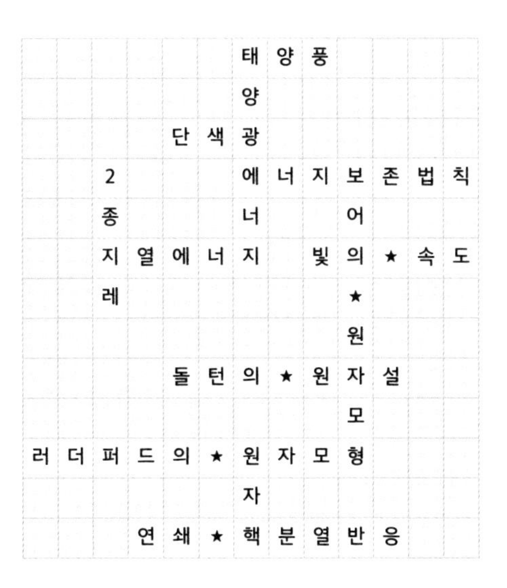

						태	양	풍				
						양						
				단	색	광						
		2				에	너	지	보	존	법	칙
		종				너			어			
		지	열	에	너	지		빛	의	★	속	도
		레							★			
									원			
				돌	턴	의	★	원	자	설		
									모			
러	더	퍼	드	의	★	원	자	모	형			
						자						
			연	쇄	★	핵	분	열	반	응		

22

								진	폭
		발			진	자	운	동	
백	색	광				기		수	
		다	중	섬	광	장	치		
		이			양				
		오			자	화	율		
		드				력			
						발			
					고	전	물	리	학

23

								히			
			특			마	이	스	너	효	과
			수	직	항	력		입			
			상				입	자	물	리	학
			대	기	압		자				
			성				가				
갈	릴	레	이	변	환		속	박	전	자	
			론				기		기		
									분	자	
									해		

24

							화					
			현	대	물	리	학					
				전			에	너	지	양	자	화
							너		구			
				빛	에	너	지		온			
				의					난	반	사	
				★					화		건	
				합							의	
		반	자	성	체						★	
		사									지	
입	사	각									평	
											선	

				입	자	설
	흑	체	복	사		
				광		
		음	극	선		
	P	파				
		탐				
		지	동	설		
검	전	기				
	동			무	게	
전	기	에	너	지		
				개		

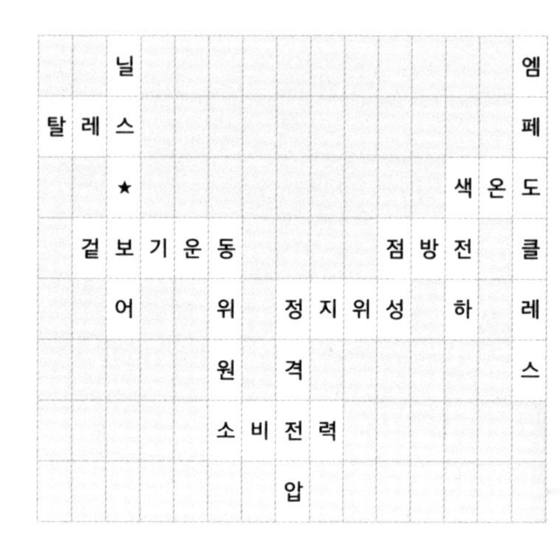

		닐												엠
탈	레	스												페
		★										색	온	도
	겉	보	기	운	동					점	방	전		클
		어			위		정	지	위	성		하		레
					원		격							스
					소	비	전	력						
							압							

25 26
27 28

											볼		
											록		
						저			평	면	거	울	
						항			행		울		
					빛	의	★	반	사				
						★			변	압	기		
						병			형		화		
		빛				렬			법		열	효	율
전	구	의	★	직	렬	연	결						
압		★				결							
		합											
	탄	성	력										
	성												
	피	에	르	★	퀴	리							
	로												

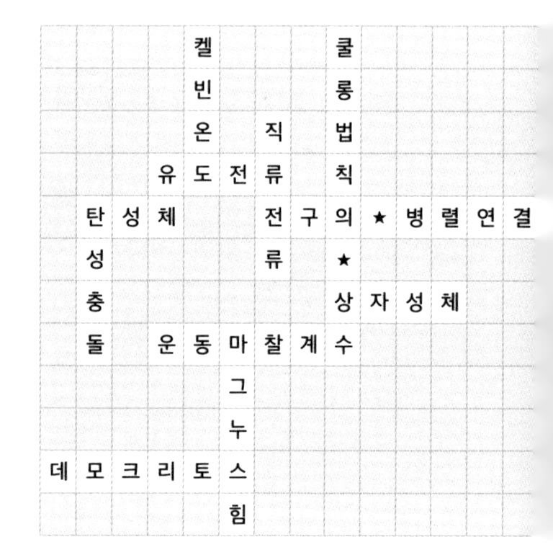

				켈				쿨					
				빈				롱					
				온		직		법					
			유	도	전	류		칙					
	탄	성	체			전	구	의	★	병	렬	연	결
	성					류		★					
	충							상	자	성	체		
	돌		운	동	마	찰	계	수					
					그								
					누								
데	모	크	리	토	스								
					힘								

29

레	이	저	족	집	게								
일		항			리								
리		의			케	플	러	의	★	제	3	법	칙
		★				랑			상				
		혼				크			대				
		합				부	피	탄	성	률			
		연				피			이				
		결					하	드	론				
							이						
							젠						
							베						
				고	정	도	르	래					
				체			그						

30

	하												
마	이	트	너						슈				
	젠			아					바				
	베	르	소	리	움		칼		르				
	르			스			로	렌	츠	의	★	법	칙
	크			토	리	첼	리		실				
	의			텔					트				
	★			레					★				
	불			스	토	니			블				
	확				크				랙				
	정							웜	홀				
	성												
	원	소	기	호									
	리												

31

		알	파	붕	괴							
		베										
		르										
	뢴	트	겐									
		★										
라	부	아	지	에								
이		인		디	젤	엔	진					표
덴		슈		슨			동					준
병		타					수					모
		인			톰	슨	의	★	원	자	모	형
							★		심			
							한		분			
				원	자	시	계		리			
									법			

32

									허					
				커	—	뉴	먼	★	블	랙	홀			
			하			턴			★					
패	러	데	이						우	라	늄			
			퍼						주					
			론						망					
									원	자	폭	탄		
			아	레	시	보	망	원	경			성		
			벰									파	스	칼
			파	장										★
			세											세
												그	레	이
														건

									열	전	쌍
						감			역		
						전	자	기	학		
		검					석		★		
		전							제		
꼭	대	기	쿼	크			절	대	0	도	
	폭			룩					법		
	발	머		스	넬	의	★	법	칙		

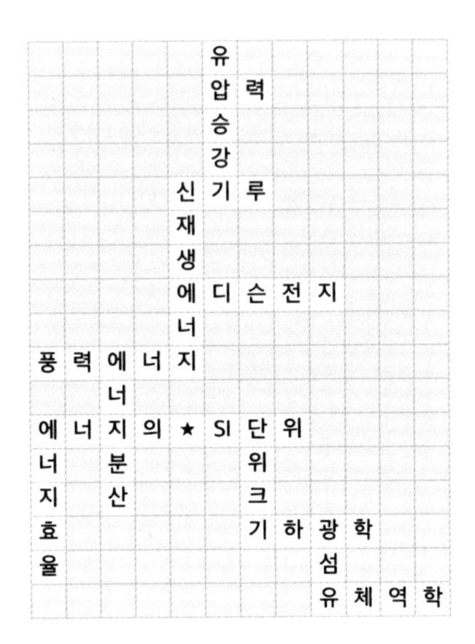

					유						
					압	력					
					승						
					강						
				신	기	루					
				재							
				생							
				에	디	슨	전	지			
				너							
풍	력	에	너	지							
		너									
에	너	지	의	★	SI	단	위				
너		분				위					
지		산				크					
효						기	하	광	학		
율								섬			
								유	체	역	학

33 34

35 36

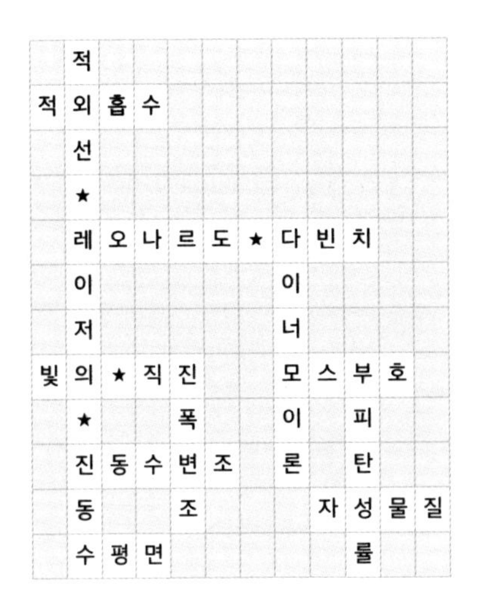

	적										
적	외	흡	수								
	선										
	★										
	레	오	나	르	도	★	다	빈	치		
	이						이				
	저						너				
빛	의	★	직	진			모	스	부	호	
	★			폭			이		피		
	진	동	수	변	조		론		탄		
	동			조				자	성	물	질
	수	평	면						률		

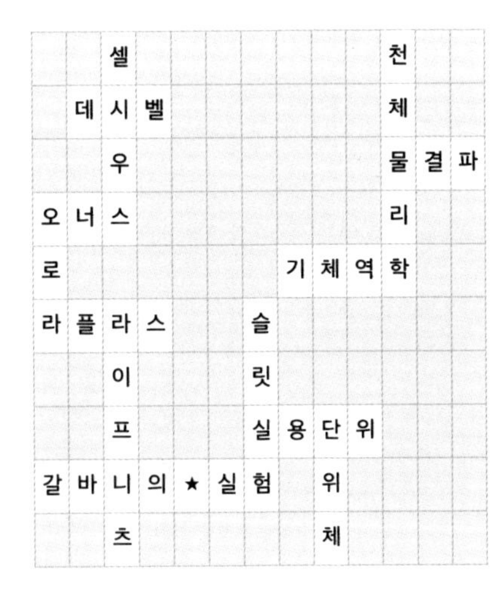

		셀								천		
	데	시	벨							체		
		우								물	결	파
오	너	스								리		
로							기	체	역	학		
라	플	라	스			슬						
		이				릿						
		프				실	용	단	위			
갈	바	니	의	★	실	험		위				
		츠						체				

								중	수	소				
					생			력		멸				
1					물			상		간	섭	무	늬	
종					물	리	상	수		섭		게		
지		밴			리		보							
레	이	더	천	문	학		성							
		그					원	자	의	★	행	성	모	형
		래					리							
가	모	프												

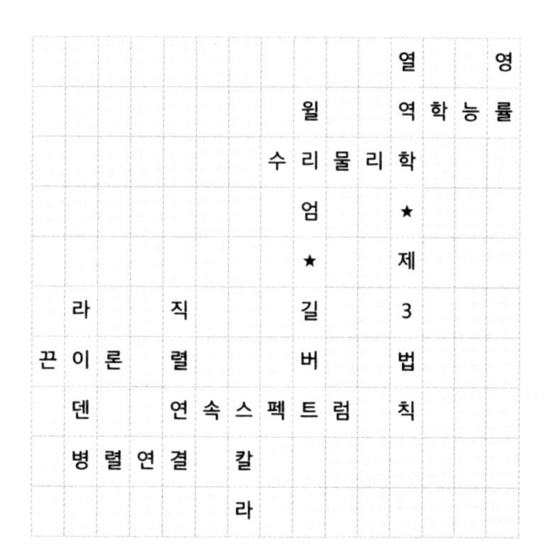

											열			영
								월			역	학	능	률
							수	리	물	리	학			
								엄			★			
								★			제			
	라			직				길			3			
끈	이	론		렬				버			법			
	덴			연	속	스	펙	트	럼		칙			
	병	렬	연	결		칼								
						라								

37 38 39 40

강	한	상	호	작	용						
철					해						
		영	국	★	열	단	위		에		
		구		화					너		오
	공	기	역	학			에	너	지	보	존
		관		물			너		전		층
			소	리	에	너	지		달		
				학			효				
							율				

		기	가	헤	르	츠		
비	전	하					2	
틀		광			푸		차	음
림		학			리		무	
★			재	생	에	너	지	원
파					정		개	
동	등	의	★	원	리			
	온			일				
	압	력		점				
	축							

	핵	반	응				
	융						
	합	성	기			하	
발			포		음	이	온
전			상			퍼	
기	체	분	자	운	동	론	
		수					
		전	단	력			
	부	하					

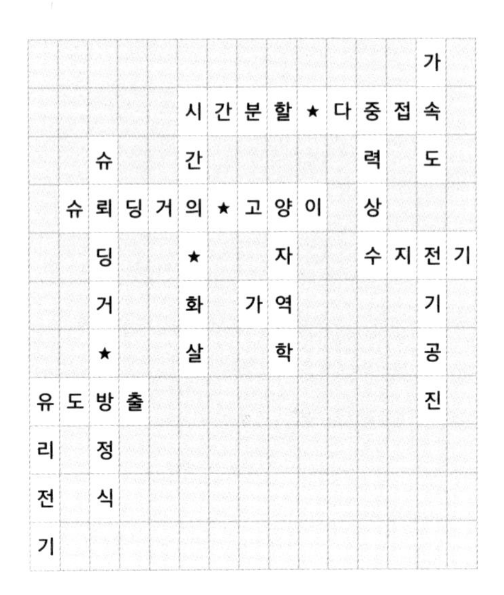

													가	
					시	간	분	할	★	다	중	접	속	
		슈			간						력		도	
	슈	뢰	딩	거	의	★	고	양	이		상			
		딩			★			자			수	지	전	기
		거			화		가	역					기	
		★			살			학					공	
유	도	방	출										진	
리		정												
전		식												
기														

41 42
43 44

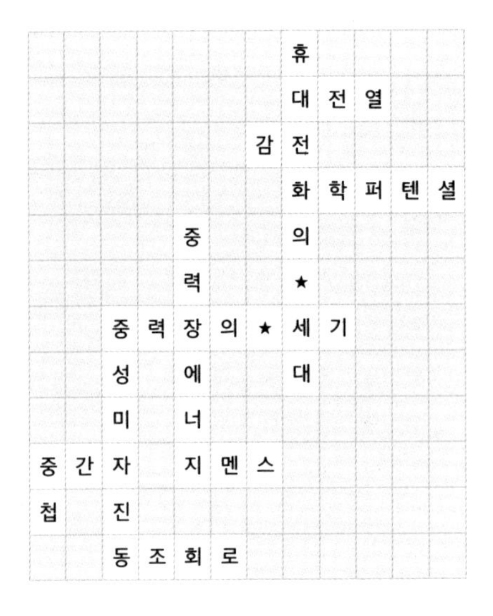

							휴				
							대	전	열		
						감	전				
							화	학	퍼	텐	셜
				중			의				
				력			★				
		중	력	장	의	★	세	기			
		성		에			대				
		미		너							
중	간	자		지	멘	스					
첩		진									
		동	조	회	로						

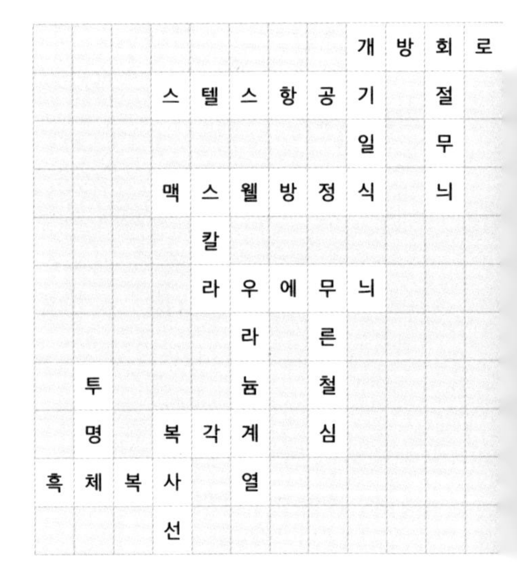

								개	방	회	로
			스	텔	스	항	공	기		절	
								일		무	
			맥	스	웰	방	정	식		늬	
				칼							
				라	우	에	무	늬			
					라		른				
	투				눔		철				
	명		복	각	계		심				
흑	체	복	사		열						
			선								

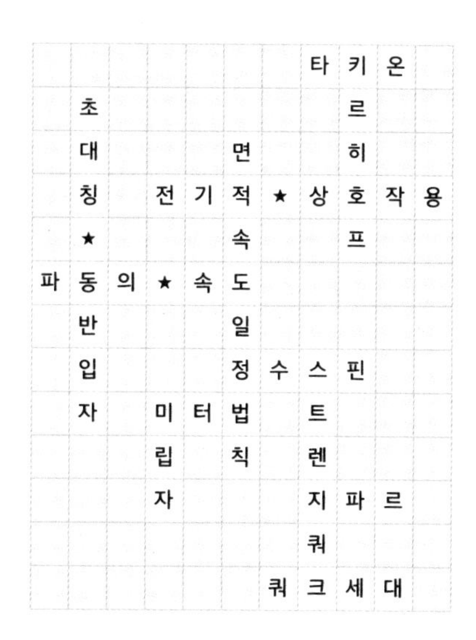

45 46
47 48

							선		
					관	선	밀	폐	
					성		도		
				공	기	의	★	저	항
			변		준				
국	제	단	위	체	계				
소		상							
성		교	류	회	로				
	전	류		전					
	자			관					
	구			성					
	름								

									G	P	S	
									F		H	F
							M	R	I		F	
		I			V	H	F					
		T			L							
	N	E	X	R	A	D						
		R										
		프	리	스	틀	리						
		로				페						
		젝		코	페	르	니	쿠	스			
테	바	트	론			세						
						이						

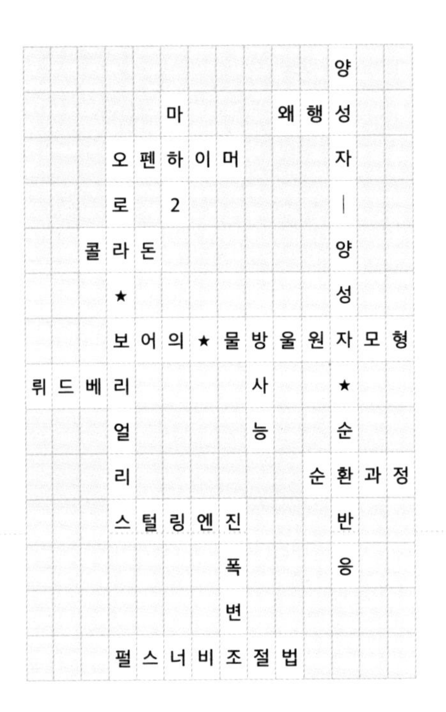
양
마 왜 행 성
오 펜 하 이 머 자
로 2 ㅣ
콜 라 돈 양
★ 성
보 어 의 ★ 물 방 울 원 자 모 형
뤼 드 베 리 사 ★
얼 능 순
리 순 환 과 정
스 털 링 엔 진 반
폭 응
변
펄 스 너 비 조 절 법

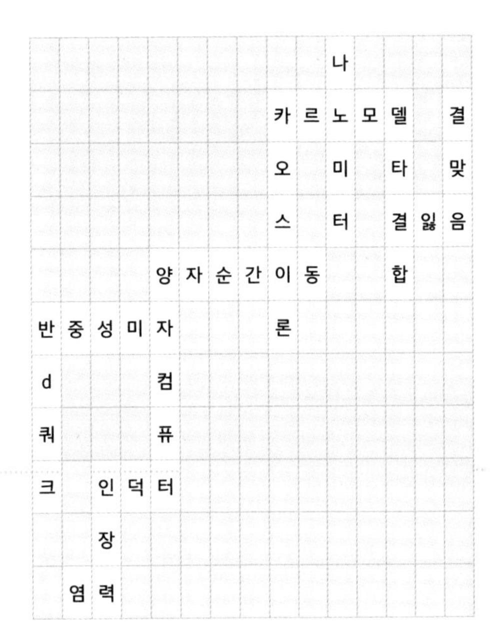
나
카 르 노 모 델 결
오 미 타 맞
스 터 결 잃 음
양 자 순 간 이 동 합
반 중 성 미 자 론
d 컴
쿼 퓨
크 인 덕 터
장
염 력

49 50

$e=mc^2$

부록

용어 해설

X-선 망원경

NASA가 지구 대기 밖의 광원에서 나오는 X-선을 관측하기 위해 제작한 극도로 민감한 궤도 망원경.

찬드라 망원경으로 찍은 우주의 모습

찬드라 X-선 관측소

허블 우주 망원경, 스피처 우주 망원경, 찬드라 X-선 관측소에서 찍은 이미지를 통합해 완성한 밀키웨이 우주의 모습.

감마선

보통 베타입자와 알파입자를 동반하여 방출되는 감마선은 빛,

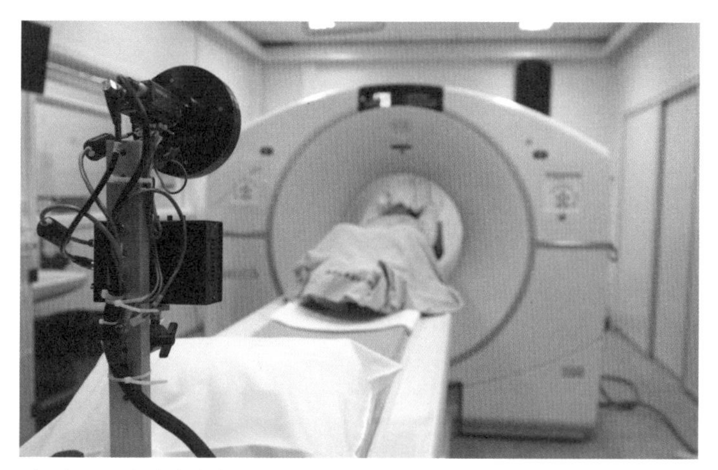

암 치료 등에 감마선이 이용되고 있다

X-선과 마찬가지로 전자기파이다. 투과력이 X-선보다 훨씬 강하기 때문에 X-선과 거의 같은 분야에서 응용되지만 투과력이 크게 필요한 경우에 사용된다. 주로 암 치료, 금속재료의 내부 탐지 등 의학과 공업 분야에서 널리 이용되고 있다.

광원

태양처럼 자체적으로 빛을 생성하거나 태양빛을 반사하여 빛을 내는 달과 같은 천체를 비롯해 전등, 네온사인, 발광 다이오드처럼 인공적으로 빛을 내도록 만든 기구 등을 광원이라고 한다.

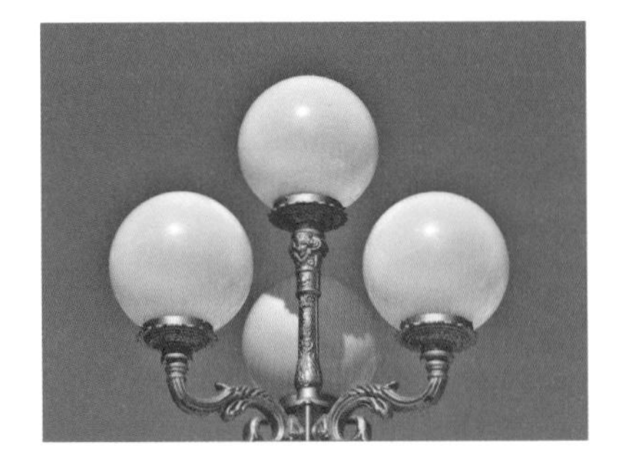

굴절망원경refracting telescope

천체 관측을 목적으로 대물렌즈를 사용하는 광학기기로, 빛의 굴절 현상을 이용한다. 여러 개의 렌즈를 사용한다.

미국 시카고 대학교의 천문 및 천체물리학과에 소속된 요키스 천문대의 40인치 굴절망원경

나로우주센터Naro Space Center

우리나라 최초 우주 센터. 전라남도 고흥군 봉래면 예내리 하반마을에 위치한 나로우주센터에 우주 발사 기지가 생기면서 우리나라는 세계 13번째 우주 기지 보유국이 됐다. 2018년 11월 한국형 우주로켓 '누리호' 엔진시험 발사체, 차세대 소형위성 1호, 독자 개발한 정지궤도위성 '천리안2A' 등의 발사에 성공함으로 한국의 우주기술은 자립 단계에 접어든 것으로 평가받고 있다.

나로우주센터 홈페이지
www.kari.re.kr/narospacecenter

정부는 2021년부터는 100개 이상의 우주기업을 키울 계획에 있다.

나로우주센터 우주과학관에 전시된 아리랑 5호의 구조 및 열개발 모델

나로우주센터 우주과학관에 전시된 나로과학위성의 모형

전라남도 고흥군 나로우주센터의 일반인 관람 구역에는 KSLV-1 나로호의 실물 크기 모형이 전시되어 있다

대폭발설

흔히 빅뱅이론이라고 부른다. 우주의 기원에 대해 설명한 이론으로 대부분의 천문학자들이 받아들이고 있다.

약 137억 년 전 한 점이 갑자기 팽창하면서 우주가 시작되었다는 이론으로 중요한 증거로 다음 2가지를 꼽는다.

첫 번째는 천문학자 허블이 은하들이 멀어지는 속도가 거리에 비례해서 커진다는 것을 밝혀내 우주가 팽창하고 있다는 것을 알아냈다.

두 번째 증거는 빅뱅 직후 우주를 가득 채우고 있던 빛의 잔해인 우주배경복사이다.

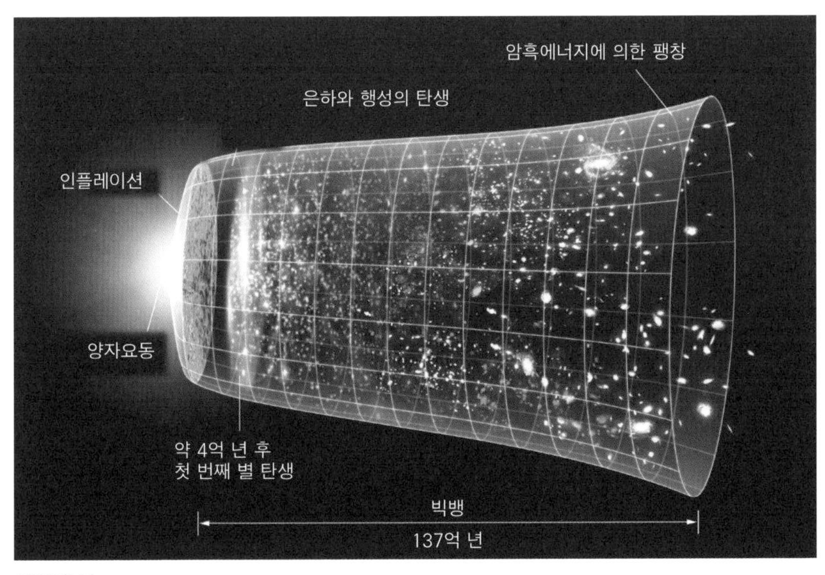

대폭발설

드브로이Louis de Broglie

아인슈타인이 주장한 입자이면서도 파동인 빛의 이중성을 물질에 적용시켜 전자 또한 입자이면서 파동일 수 있다는 점을 수학적으로 증명한 물리학자. 모든 물질을 파동으로 취급할 수 있다는 물질파matter wave 이론을 제안함으로써 드브로이는 오늘날의 양자역학의 기초를 세웠다.

드브로이

레이저

한 가지 파장으로 이루어진 단색성의 빛. 단색성, 간섭성, 지향성을 가져 이를 레이저의 삼위일체라고 한다.

미국의 물리학자 시어도어 메이먼은 레이저를 발명하고 나서 기자들에게 레이저는 죽음의 광선인지에 대한 질문을 받았다. 영화, 만화, 소설 등에서 광선무기로 묘사하는 경우가

레이저 실험

많아서였다. 그리고 현대사회에서는 레이저의 이용범위가 놀라울 정도로 다양하다.

레이저의 한 예

레이저 광선검

공업용으로 이용되는 레이저

마이크로미터

100만분의 1미터의 미세한 길이까지 잴 수 있는 기구로 정확한 피치를 가진 나사를 이용한 길이 측정기이다. 종이의 두께나 철사의 지름을 재는 데 많이 이용된다.

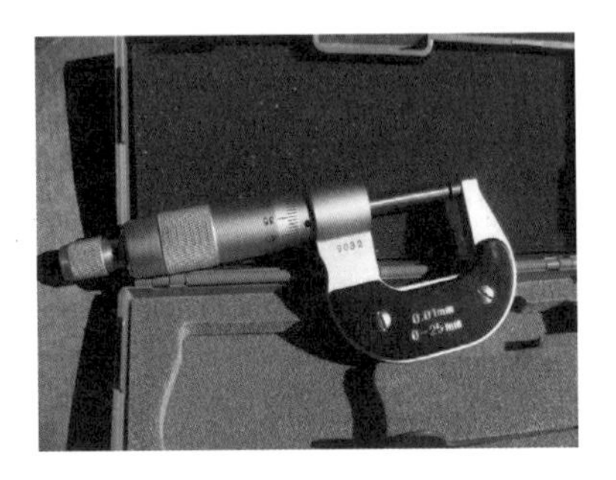

반사망원경

거울의 반사 성질을 이용해 빛을 오목렌즈 상에 모아 굴절망원경의 색 퍼짐 현상을 해결한 망원경.

밴앨런대Van Allen belt

지구를 둘러싼 도넛 모양의 복사선이 강한 방사능대 영역. 미국의 물리학자 J. A. 밴앨런이 처음 발견해 그의 이름을 따서 명명되었다.

볼츠만

볼츠만Ludwig Boltzmann

오스트리아의 물리학자. 특히 기체론氣體論의 연구로 알려졌으며, 통계역학의 성립에 큰 공헌을 했다. 그는 또한 '최후의 원자론자'라고 불릴 정도로 원자론자의 입장을 주장했다.

블랙홀

태양보다 4배가 넘는 질량을 가진 큰 별이 붕괴하면서 극단적인 수축을 일으켜 밀도가 매우 증가하고 중력이 굉장히 커지면서 빛도 빠져나올 수 없는 상태가 되는 것을 블랙홀이라고 한다. 블랙홀에서는 빛도 나올 수 없기 때문에 관찰이 불가능하지만 이웃한

나사에서 블랙홀을 이미지화한 모습

별로부터 물질을 빨아들이면서 X-선을 방출해 블랙홀의 위치를 파악한다.
블랙홀은 전하나 각운동량을 가지고 있지 않은 슈바르츠실트 블랙홀, 전하는 가지고 있지만 각운동량은 가지고 있지 않은 라이스너 노드스트롬 블랙홀, 전하는 없지만 각운동량은 가지고 있는 커 블랙홀, 전하와 각운동량을 모두 가지고 있는 커-뉴먼 블랙홀 네 가지로 분류한다.

빛의 삼원색

빨강, 파랑, 노랑(색의 삼원색)을 섞어 다양한 색깔을 내듯이 빛도 빛의 삼원색을 섞어 다양한 색깔의 빛을 만들 수 있다.
빛의 삼원색은 빨강, 초록, 파랑이며 색의 삼원색은 섞으면 섞을수록 진해져 검은색이 되지만 빛은 섞으면 섞을수록 밝아지며 빛의 삼원색을 모두 섞으면 흰색이 된다는 차이점이 있다.

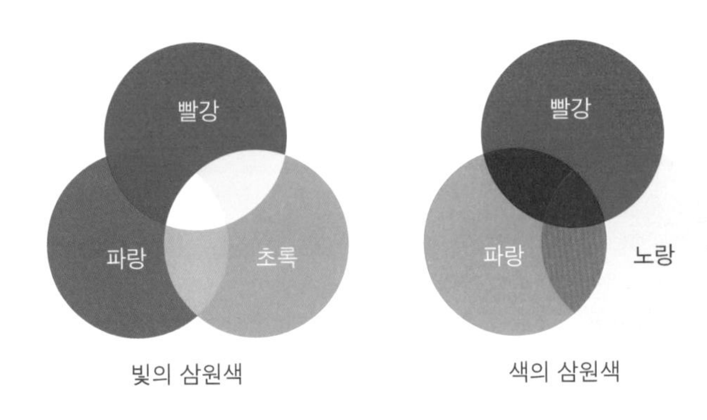

빛의 삼원색 색의 삼원색

선스펙트럼Line spectrum

원자의 구조 때문에 원자마다 특정한 파장의 빛들만 나올 수 있는데 원소에 따라 방출하는 빛의 파장이 다른 점을 이용하여 하나 또는 몇 개의 특정한 파장만 포함하는 스펙트럼을 말한다.

스텔러레이터stellarator

핵융합 반응을 연구하기 위한 실험장치. 토러스형인 도넛 모양의 장치 외부에 구리줄을 감아 자기장을 발생시킨 후 그 내부에 갇힌 플라스마가 핵융합 반응을 일으키도록 설계된 기초 실험장치이다.

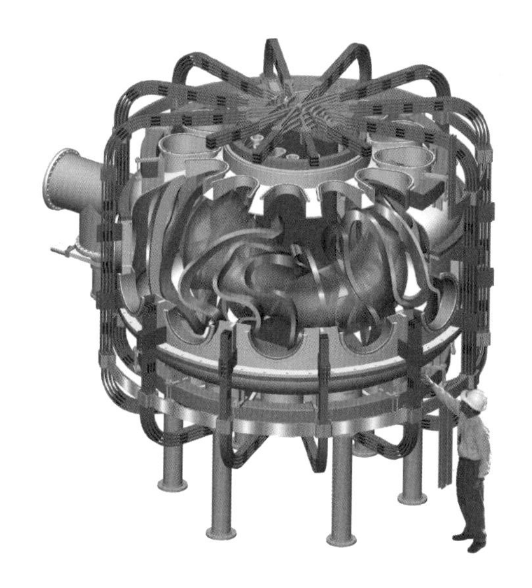

신재생에너지

신재생에너지는 신에너지와 재생에너지를 합해 부르는 용어이다. 우리 주변에서 변환시켜 이용할 수 있는 에너지를 뜻하며 햇빛, 물, 바람 등 재생 가능한 에너지를 변환시키거나 수소에너지 등 신에너지를 개발해 사용할 수 있다. 신재생에너지로는 태양

에너지, 풍력 에너지, 해양 에너지, 바이오 에너지 등이 있다.

네브래스카 페어몬트에 위치한 바이오 에너지 공장

캘리포니아 사막에 위치한 풍력발전기

태양에너지를 얻기 위한 태양광 발전소의 전경

아보가드로수Avogadro's number

몰mol은 물질의 양을 재는 기본 단위이다. 1몰은 원자나 분자 6.02×10^{23}개를 나타낸다. 이 숫자는 아보가드로의 법칙을 발견한 아보가드로의 이름을 따서 아보가드로수로 부르게 되었다. 원자량은 원자 1몰의 질량을 나타내므로 원자량 12는 원자 1몰의 질량이 12g이라는 뜻이다.

$$N_A = 6.02 \times 10^{23}$$

오실로스코프oscilloscope

시간에 따른 입력전압의 변화를 화면에 출력하는 장치. 브라운관에 녹색점으로 영상을 표시하는 것이 일반적이지만 최근에는 액정화면을 사용하는 전자식도 출시되고 있다.

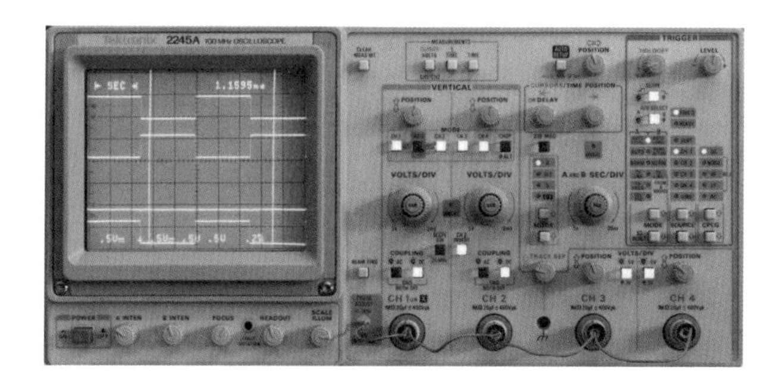

외르스테드Hans Christian Ørsted

덴마크의 물리학자이자 화학자. 전선을 통해 흐르는 전류가 자기장을 만든다는 '외르스테드의 법칙'을 발견해 전기와 자기 현상을 연구하는 전자기학이 탄생했다.
그는 후기 칸트 철학의 완성자로도 평가받고 있다.

외르스테드

원자로

연쇄 핵분열 반응을 제어해 핵분열에서 발생하는 열에너지를 동력으로 사용할 수 있도록 하는 장치.

독일 루브민에 위치한 핵원자로 센터의 방문객들을 위한 원자로 모형

원자모형

원자의 크기는 100억분의 1정도이다. 따라서 원자 내부를 탐사하는 것은 매우 어렵다. 최근에 개발된 주사투과현미경을 이용하면 원자가 어디 있는지 정도는 알 수 있지만 내부 구조를 볼 수는 없다. 따라서 원자 내부 구조를 알기 위해서는 원자모형을 이용해야 한다.

원자모형은 측정된 원자의 성질을 설명하고 이 원자모형을 이용해 원자의 또 다른 성질을 예측한다. 그리고 이를 증명하기 위한 실험을 한다. 이 과정에서 이전의 원자모형으로 설명할 수 없는 새로운 성질이 나타나면 이를 설명할 수 있는 원자모형을 새롭게 제시한다.

이와 같은 과정을 거치면서 원자의 모든 성질을 모순 없이 설명할 수 있는 원자모형이 만들어지면 원자의 구조를 밝혀냈다고 할 수 있다.

이에 따라 만들어진 중요한 원자모형은 다음과 같다.

톰슨의 플럼 푸딩 모형은 최초의 원자모형으로, 아주 작은 질량을 가진 전자와 원자 전체에 퍼져 있는 구름 같은 물질로 원자가 이루어져 있는 원자모형이다. 그런데 그의 제자였던 러더퍼드의 금박실험을 통해 알파입자가 뒤로 튀어 돌아오는 현상을 설명할 수가 없어 러더퍼드의 원자모형으로 대체되었다.

러더퍼드는 원자 질량의 대부분을 가지고 있는 + 전하를 띤 작은 원자핵이 원자 중심에 자리 잡고 있고 가벼운 전자가 원자핵을 돌고 있는 러더퍼드 원자모형을 만들어 알파입자가 되돌아오는 현상을 설명했다.

닐스 보어

J.J. 톰슨

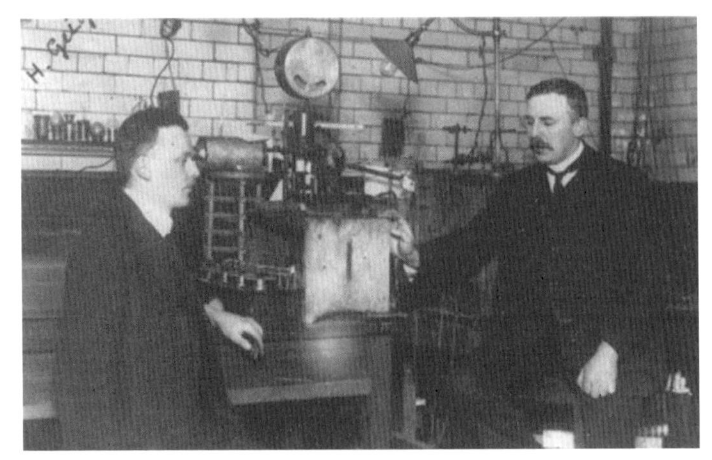

한스 가이거와 어니스트 러더퍼드

하지만 원자의 크기를 정할 수 없고 원자가 내는 선스펙트럼을 설명할 수 없었다.
이와 같은 문제를 보완한 것이 보어의 원자모형이다.
원자가 내는 스펙트럼을 설명하기 위해 고전물리학의 경계를 뛰어넘은 보어의 원자모형은 요하네스 빌헬름 조머펠트의 고전양자론으로 널리 받아들여졌다.
하지만 원자의 구조는 보어의 원자모형으로 어느 정도 밝혀진 것처럼 보였음에도 원자가 내는 스펙트럼의 세기가 모두 다른 이유는 설명할 수 없었다. 이를 설명한 것이 드브로이의 물질파 이론이다.

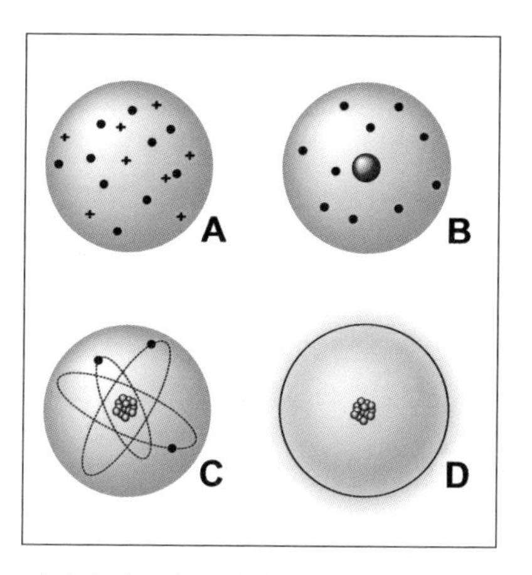

원자의 이론적 모형의 진화 과정.

A: 톰슨 모형 ((+) 전하를 띤 입자들과 (-) 전하를 띤 입자들이 섞여 있는 원자모형).

B: 러더퍼드 모형 ((+) 전하를 띤 원자핵 주위를 전자들이 돌고 있는 원자모형).

C: 보어 모형 (전자들이 원자핵 주위의 일정한 궤도에서만 돌 수 있는 원자모형).

D: 양자역학적 모형 (양자역학에 바탕을 둔 원자모형 전자의 위치에 대한 확률만을 결정할 수 있다).

자기부상열차

강력한 자기장을 이용해 선로 위에 열차를 뜨게 해서 지면과의 마찰을 줄여 빠른 속도로 달리게 만든 열차. 프랑스의 떼제베가 유명하다.

전자기파electromagnetic wave

전기장과 자기장이 주기적으로 세기가 변화해 공간 속으로 전파해 나가는 현상을 말하며 파장의 길이가 약 1mm 이상인 전자기파를 전파 또는 라디오파라고 부른다.

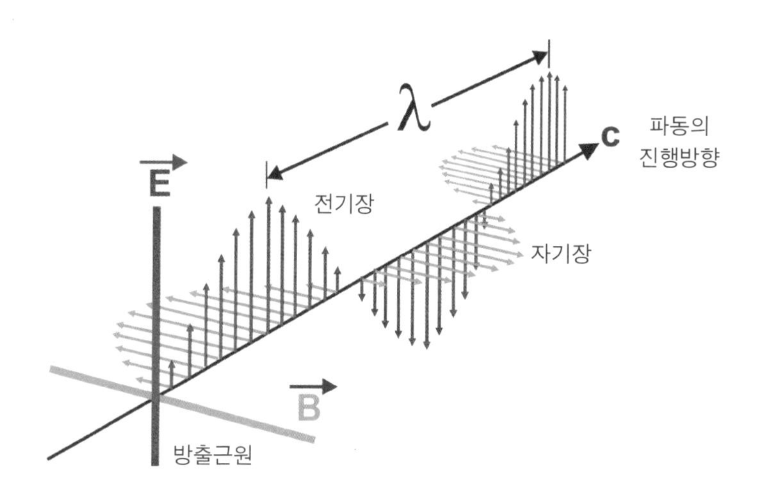

전자현미경electron microscope

목적에 따라서 투과현미경과 주사현미경으로 나뉜다.
독일 과학자 E. 루스카가 전자빔을 이용해 만든 투과현미경TEM이 오늘날의 전자현미경의 원형이며 투과현미경과 달리 시료를 투과하지 않고 시료 표면에 한 점을 초점으로 맞추어 주사하는 것이 주사현미경이다.

전자현미경으로 살펴본 세계

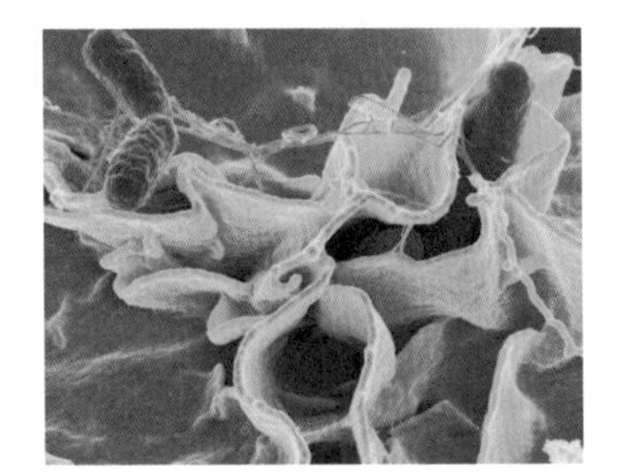

살모넬라균

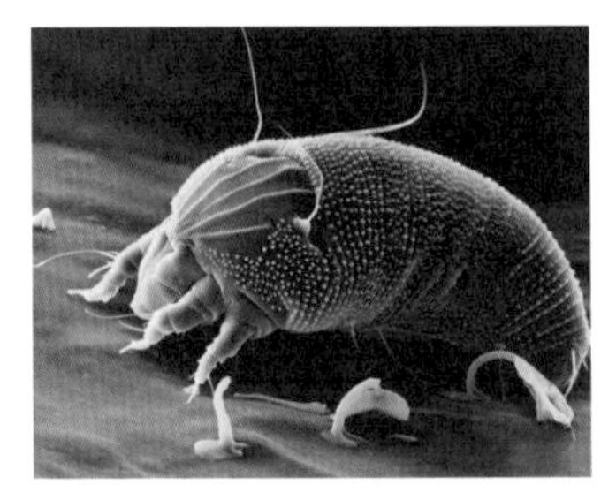

진드기

투과전자현미경

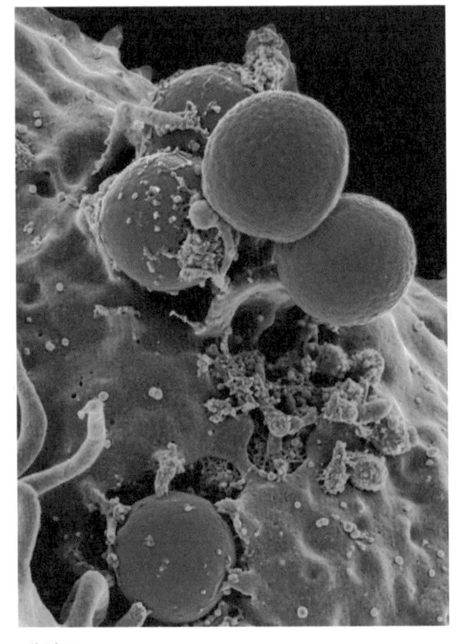

백혈구

전파망원경radio telescope

우주공간에 있는 천체로부터 복사되는 전파를 관측하기 위한 장치를 말한다.
전파망원경을 이용하면 광학망원경으로 전파 발생 천체를 측정하는 것보다 더 정확하게 측정할 수 있다.

전파망원경의 예시

중성자별

대부분 중성자로 이루어진 듯한 중성자별은 초신성의 중심핵이 붕괴되어 압축되면서 탄생한다. 현재까지 약 2000여 개의 중성자별이 발견되었다.

만일 중심핵의 질량이 태양의 질량보다 약 두 배 정도 크다면 중심핵은 중성자별이 아니라 블랙홀이 된다.

2014년 NASA가 공개한 중성자별(펄서) PSR B1509-58의 모습

천체물리학astrophysics

천체물리학은 우주를 대상으로 하는 물리학 중 하나로, 천문학astronomy을 물리학적인 방법으로 연구하는 분야와 우주 탄생 및 진화를 연구하는 우주론cosmology으로 나눌 수 있다.
현대 천체물리학은 물리학과 천문학의 경계가 모호해 많은 대학들이 물리학 및 천문학과로 통합해 운영하고 있다.

그리피스 천문대

빅 아일랜드의 마우나케아 전망대

쿨롱의 법칙

1785년 프랑스의 토목공학 기술자에서 물리학자가 된 쿨롱Charles-Augustin de Coulomb은 비틀림저울을 사용한 실험에서 쿨롱의 법칙을 발견했다.

전기학 발전에 큰 토대가 된 쿨롱의 법칙은 만유인력과 마찬가지로 거리제곱에 반비례하는 힘이지만, 전하의 극성에 따라 인력 혹은 척력이 작용한다는 점이 다르다.

쿨롱

쿨롱의 실험 도구를 재현한 모습

화이트홀

상대성이론에 따르면 모든 것을 빨아들이는 블랙홀과 반대로 모든 것을 내놓기만 하는 천체가 존재하며 그 존재를 화이트홀이라고 한다. 하지만 이론으로만 존재할 뿐 직접 혹은 간접적인 방법으로 증명된 적은 없다.

참고 문헌 및 사이트

《한 권으로 끝내는 물리》 폴 지체비츠 저 · 곽영직 역 · 지브레인

《한 권으로 끝내는 화학》 이안 C. 스튜어트, 저스틴 P. 로몬트 공저 · 곽영직 역 · 지브레인

《한 권으로 끝내는 과학》 피츠버그 카네기 도서관 저 · 곽영직 역 · 지브레인

《양자역학으로 이해하는 원자의 세계》 곽영직 저 · 지브레인

《고교생이 알아야 할 물리 스페셜》 신근섭 외 1인 저 · (주)신원문화사

《원자력 용어사전》 한국원자력산업회의

《물리학백과》 한국물리학회

이미지 저작권